解读0~6岁婴幼儿的行为密码

婴幼儿行为心理学

刘璪 著

南方出版社·海口

图书在版编目（CIP）数据

婴幼儿行为心理学 / 刘璪著 .—海口 ：南方出版社，2017.8（2021.5 重印）

ISBN 978-7-5501-3976-3

Ⅰ. ①婴… Ⅱ . ①刘… Ⅲ . ①婴幼儿心理学－通俗读物
Ⅳ . ① B844.11-49

中国版本图书馆 CIP 数据核字 (2017) 第 192828 号

婴幼儿行为心理学

刘璪 / 著

责任编辑： 师建华　孙宇婷
责任校对： 王田芳
版式设计： 吴　磊
出版发行： 南方出版社
地　　址： 海南省海口市和平大道 70 号
电　　话：（0898）66160822
传　　真：（0898）66160830
经　　销： 全国新华书店
印　　刷： 三河市北燕印装有限公司
开　　本： 690mm×960mm　1/16
字　　数： 120 千字
印　　张： 12
版　　次： 2021 年 5 月第 1 版第 3 次印刷
书　　号： ISBN 978-7-5501-3976-3
定　　价： 36.00 元

新浪官方微博：http://weibo.com/digitaltimes

前言

孩子是父母生命的延续，是父母爱的结晶。父母深爱着自己的孩子，孩子也深深依恋着父母。这种世界上最伟大的感情，温暖着人世间的一切。生命从孕育到诞生，再到成长，每一步都会给予我们感动。成长中的点点滴滴，让我们在平凡中感受到生命的伟大，在平淡中明白人间的大爱。

我们关注着孩子成长的每一步，任何一点孩子成长的痕迹都会使我们兴奋不已。我们乐于捕捉孩子成长的瞬间，那产房中的第一声哭泣，那怀抱中的第一次笑容，都足以令我们的心为之颤动。

可是，生命之所以神奇，并不只是因为他所带给我们的感动，更重要的是，我们与孩子心灵的唱和将持续一生。

那么，最初我们是如何与孩子进行心灵沟通的呢？可能你并没有注意到，在孩子牙牙学语之前，我们就可以从他的行为中，看出他此时此刻内心的想法。孩子的行为就像是我们望向孩子内心的一扇窗，而我们的理解则是照进孩子内心的阳光。这阳光温暖彼此的心，给彼此带来光明。

生命在妈妈腹中孕育时，便开始与妈妈对话，妈妈在干什么、妈妈在哪里、妈妈心情怎样……他希望和妈妈互动，让妈妈感受到他的存在。他偶尔在妈妈肚子里蠕动，告诉妈妈“我很舒服”，偶尔和妈妈调皮一下，用自己的小脚丫踢妈妈的肚子。在与妈妈亲密无间的日子里,孩子早已和妈妈建立了深厚的感情。妈妈经历十个月的孕育，换来宝宝那初临人世的第一声哭泣。

面对着襁褓中的孩子，我们总是充满对生命的膜拜，感叹生命居然这么不可思议。眼前的宝宝，他的鼻子、眼睛、耳朵、嘴巴和你那么相像。于是你欣喜地注视着他的眼睛，迷恋他的笑容，爱他胜过爱自己。他每一次眉毛的挑动，每一个调皮的表情，都让你难忘。

可是，你是否能够明白宝宝在举手投足间想要告诉你的信息呢?也许你有满腔对宝宝的爱，但如果你不知道宝宝在向你述说什么，你是无法让宝宝健康快乐地成长的。而这些正是这本《婴幼儿行为心理学》的立足点和宗旨。在本书中，我们对0~6岁宝宝的肢体行为做了详细介绍。你会看到许多与你和宝宝相处过程中某些片段似曾相识的情景，你与宝宝沟通时的困惑，也会在这里云开雾散。

随着孩子一天天的成长，叛逆的童年迈着大步迎面而来。原来不知不觉间，孩子已经俨然成为一个小大人，你们之间的沟通也不再那么心有灵犀。如何去贴近孩子那不断成长的心灵呢？当孩子不再愿意谈心时，你能否通过他的肢体行为读出那些未曾说出的话？

爱不应该因为时间的延续而有距离，不应该因为沟通的困难而荆棘密布。不要再让爱失落了，读一读这本书吧，关注孩子的肢体行为，找到打开孩子心门的钥匙，让爱不再有缺憾。

目 录

前 言

上篇：0~2 岁宝宝的行为心理学

第一章 出生前行为心理学

5 胎儿的踢打是向妈妈发出的安全询问

9 胎儿打嗝的秘密

12 宝宝宫内缺氧时发出的求救信号

17 宝宝的出生过程暗示着人格特质

第二章 0~2岁婴幼儿最常见的行为心理

25 宝宝怎么吐奶了

30 为什么宝宝爱打嗝

宝宝为什么吐舌头　　34
宝宝喜欢被抚摸　　38
宝宝常用的求助讯号　　42
宝宝要你注意保持距离　　47
宝宝的单边移动不是病　　51
注意宝宝紧握的拳头　　54
婴儿吮吸手指在告诉我们什么　　57
宝宝对“动”情有独钟　　61
宝宝的疲惫信号　　64
宝宝的秩序感要从小培养　　67
宝宝自信心的培养　　71

第三章　妈妈爱我吧

宝宝了不起的抬头　　77
宝宝的翻身革命　　81
宝宝伟大的爬行　　85
宝宝的表情会说话　　89

93 宝宝的互动祈盼
96 宝宝需要你的正面接触
99 宝宝的“妈妈恐惧症”
102 宝宝的孤独感
105 眼神弥补距离感
108 宝宝喜欢慢动作
111 宝宝的自我体验
114 宝宝的节奏主宰

下篇：3~6 岁宝宝的行为心理学

第四章 妈妈快看看我

123 孩子为什么坐不住
127 好动只因探索
131 恐惧的征兆
136 既定程序的安慰心理
140 挑衅只为吸引

第五章　我的世界就是你的世界

我的世界就是你的世界　145
少点介入，多点收获　149
孩子的游戏规则　152
孩子的版图意识　155
孩子需要浪漫　158
点燃孩子情绪的沸点　161

第六章　我感到很压抑

“不可以”带来的压抑感　167
成长的正常反应　170
屈服还是抵抗，头说了算　173
逃跑还是战斗，脚的大作为　176
孩子的侵略性　179

上篇

0~2 岁宝宝的行为心理学

第一章　出生前行为心理学

宝宝就是妈妈肚子里的“蛔虫”，妈妈的任何异常都会被他们察觉。可是问题来了，妈妈要怎样才能知道宝宝的情况呢？其实，宝宝在妈妈的肚子里时，就会通过动作向妈妈发出一系列信号。妈妈如果能够解读这些信号，就能知道宝宝在肚子里的状况。

胎儿的踢打是向妈妈发出的安全询问

生命的孕育是一件十分神奇的事情。一个小生命在妈妈的肚子里一点点成长，在妈妈为他提供的完美空间中，不愁吃，不愁喝，时时刻刻被温暖拥抱着，似乎丝毫不受外面世界的影响。但是，腹中的小宝宝真的什么都感受不到，什么对他都没有影响吗？

答案显然是否定的。孕育小宝宝的妈妈大多会经常感到腹中的宝宝在碰撞、踢打自己。他们有时动作很温和，令你感到很舒服，而有时动作会很剧烈，甚至令你有不适感。其实，这是尚未出世的小宝宝在用肢体语言和你沟通。那宝宝的这种行为究竟在向妈妈传达什么信息呢？

原来，腹中的宝宝能够明显感觉到母亲的摇晃和移动，并通过晃动的强弱来判断妈妈此时的状态，例如是在走路还是在休息。妈妈行走时会很自然地晃动，但这种晃动不是任意的，而是有规律的，宝宝很早就熟悉了这种律动。一旦这种律动被打破或者出现异常，宝宝就会感到不安全，因而努力地踢打、碰撞母亲，以告诉母亲现在

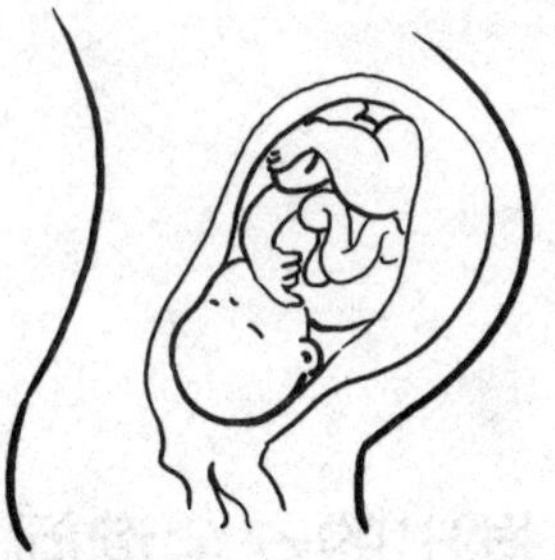

说给妈妈的悄悄话

律动被打破，我就会感到不安全。SOS……

自己很不舒服，需要母亲调整一下动作。另外，除了妈妈的晃动外，宝宝还能够觉察到妈妈的心跳。妈妈规律的心跳能使宝宝感到安全舒适，而不规律的心跳则会使宝宝惴惴不安，进而用自己的踢打来唤起妈妈的注意。

曾经有怀孕的妈妈做过实验，当置身于激烈的摇滚乐时，肚中的宝宝就会猛烈地踢打；而如果换成柔和的音乐，宝宝同样会动，但是不会给妈妈带来丝毫不适的感觉。当妈妈听摇滚乐时，由于兴奋，心脏会剧烈跳动，这让宝宝感到非常不舒服，他就会向妈妈打报告。而和缓的音乐能够使人心情平复下来，心脏又恢复到原来有规律的跳动，宝宝也会随之感觉非常舒服，动作就会很柔和，使妈妈毫无察觉或者令妈妈感到很舒适。所以，怀孕的妈妈一定要注意周围的环境和自己的心情。保持好心情，不但有益于宝宝，也有益于自己。

除此之外，由于妈妈对于睡姿的变化不是很敏感，而且很难察觉某个睡姿对宝宝来说是否舒适，因而当妈妈长时间不换睡姿或者睡姿使宝宝感到不舒服时，宝宝就会以踢打的方式来唤醒妈妈，提醒妈妈换一个令他舒服的睡姿。

在妈妈的肚子里，宝宝只能够本能地从妈妈的行动中来感知妈妈和自己的状况。在宝宝的潜意识里，妈妈的安全就是他的安全，一旦这种律动停止或者变得不规律，宝宝就会下意识地认为妈妈有什么异样。比如，由于妈妈的睡姿不变，导致静止时间过长，宝宝因此就会产生危机感，就会通过踢打来向妈妈发出安全问询，以确定自己是否处于危险中。这时的踢打不会很柔和，一般来说妈妈都会很容易感知到。这时只要妈妈及时地抚慰宝宝，给予他们安全感，这种踢打很快就会平息。

那么，妈妈要怎样做才能使宝宝更舒服，尽量减少宝宝的不安踢打呢？

- 首先，怀孕的妈妈在行动时要把步调调整得缓和并有规律，避免步调匆忙，以免影响胎儿对自己的律动和心跳的感知。
- 其次，多听一些和缓优雅的音乐，避免噪声的影响。平和舒缓的音乐不仅能够使人内心感到平静，而且可以让人产生美好的联想，使人心情格外舒畅。而妈妈心情好了，自然就会将愉悦的感受传递给宝宝。实验证明，当音乐的频率在250~500赫兹，强度在70分贝左右时，宝宝就会在妈妈的肚子里随着音乐进行舒缓的蠕动。妈妈们尽量不要在嘈杂的环境中停留太久，以免自己的情绪变得烦躁，进而影响心脏的跳动。

- 再次，妈妈可以在感受到宝宝的踢打时抚摸肚子，同时可以和他聊聊天，这样可以缓解宝宝的紧张情绪，起到安抚宝宝的作用。
- 最后，妈妈在睡觉时一定要注意选择让自己和宝宝都舒适的睡姿，并注意及时更换姿势。当然，最重要的是，妈妈一定要保持轻松愉快的心情，避免情绪的大起大落，这样才能让宝宝感觉更舒服。

知识聚焦

胎儿能够感受到妈妈的律动，熟悉之后，这种律动会让宝宝感到安全。因此，妈妈应该注意将自己的步伐调整得缓和、规律，选择正确的睡姿，同时尽量避免在嘈杂的环境中停留。妈妈也可以多听一些舒缓的音乐，让自己的心情更加愉悦。

胎儿打嗝的秘密

如果我们吃饭吃得太快，就有可能出现打嗝的情况，这是日常生活中最常见的现象之一。可是妈妈们可曾想到，胎儿也会打嗝。那么，宝宝打嗝究竟是怎么一回事？是好事还是坏事呢？

在妊娠晚期，妈妈经常会听到自己肚子发出“啵啵”的声音，并且伴随着小宝宝类似于抽搐的动作，很像我们平时打嗝的样子。不明情况的妈妈肯定会吓一跳：宝宝究竟是怎么了？是不是有什么异常？

我们平时所熟悉的打嗝其实在医学上被称为“呃逆”。当我们吃下了干硬的食物或者受到了寒冷的刺激，就很有可能出现这种暂时性的呃逆。可是宝宝的食物是妈妈提供的呀，难道是妈妈自己吃了不该吃的东西，结果让我们的宝宝受罪了？妈妈们看到这里肯定很紧张了，难道真的是因为自己的粗心吗？其实真相不是这样的。所谓的打嗝，其实是人体内负责呼吸的肌肉突然收紧所导致的。

当肌肉突然收紧时，声门随即关闭气管，于是便发出了“嗝”的一声。但是，这与孩子在妈妈肚子里打嗝是完全不同的。因为我们都知道，宝宝在妈妈肚子里是不用肺呼吸的，也就是说，胎儿在没有学会呼吸时便已经会打嗝了。那么，究竟宝宝为什么会打嗝呢？

在妈妈肚子里的日子，宝宝的肺部还没有发育完全，所以到了孕晚期28周左右的时候，小宝宝就会在妈妈肚子里不断地吞食羊水，以锻炼自己肺部的呼吸能力，为出生后用肺呼吸做准备。通过这样吞食羊水，宝宝的肺泡便在羊水中不断地长大。而如果吞食羊水太快，就像我们平时吃东西太快一样，负责隔开胸腔和腹腔的隔膜就会受到刺激，出现阵发性的痉挛收缩，于是宝宝开始打嗝了。

所以，胎儿大多数时候的打嗝都是正常的。如果在怀孕后期妈妈发现宝宝出现打嗝的现象，不仅不必担心，反而应该感到高兴。因为这是宝宝在向你报喜：妈妈，我在学习用肺呼吸呢。

另外，妈妈们还要注意一点，那就是胎动和宝宝的打嗝是有区别的。之所以强调这点，一方面是要妈妈们记住宝宝特定时间的正常发育现象；另一方面是为了告诉妈妈们打嗝次数不应算在胎动次数中，以免无法对孩子的安全做出正确的预测。

究竟胎动与宝宝的打嗝有什么区别呢？打嗝是宝宝有规律的动作，一般为2~3秒一次，持续2~5分钟，并且妈妈会感到肚子里一下一下地抽动。更重要的是，宝宝打嗝是会发出声音的。而胎动则是没有声音的，频率也没有打嗝高。妈妈大都能感觉到孩子在腹中踢打或翻身，到了怀孕后期，有时甚至能够在肚子上看到宝宝凸出的胳膊或者腿。

说到这里，妈妈们应该对孩子的打嗝现象有一定的了解了。所以，发现腹中的宝宝出现打嗝现象时，妈妈们不要紧张，也不要盲目用药或者采取其他治疗手段，只需当成正常现象对待就可以了。

知识聚焦

宝宝在妈妈腹中打嗝，是想告诉妈妈：我正在学着用肺呼吸。大多数情况下，宝宝在孕后期出现打嗝的现象都是正常的，所以妈妈不必担心。但是，妈妈们要注意区别胎动和宝宝的打嗝。如果胎动有异常，要及时到医院检查。

宝宝宫内缺氧时发出的求救信号

宝宝在妈妈腹中的发育似乎很平静，但是平静中往往蕴藏着我们难以预料的危机，尤其对于这么珍贵的小生命，他的安危更是牵动着我们的心。宝宝的生命是脆弱的，当危险来临时，宝宝就会向妈妈发出求救信号。可是如果妈妈读不懂这些信号，就会把宝宝置于危险当中。所以，我们来了解一下宝宝有哪些常见的求救信号。

胎动是宝宝生命最为客观和明显的表现之一，它能够告诉我们宝宝成长发育的情况，同时也是宝宝感到危险时最直接、最有效的求救信号。

所谓的胎动，就是胎儿在妈妈肚子里的活动撞击到子宫壁的现象。所以，胎动的次数、强弱和快慢常常预示着宝宝的安危状况。

我们都知道,宝宝在妈妈的子宫中发育。随着宝宝一天天地长大，宝宝可以活动的空间一点点地缩小。在最初胎动的时候，由于身体相对较小，可以活动的空间较大，所以宝宝动作非常激烈。但随着时间的推移，宝宝渐渐长大了，活动空间就渐渐变小了，使得宝宝

在妈妈肚子里形成前滚翻的弯曲姿势。不过，宝宝才不会老是这样委屈自己，所以，他会不时地伸展一下自己的四肢，用来帮助自己的肌肉发育。

在妈妈怀孕大概四个月的时候，宝宝的四肢已经基本发育完全，于是他开始进行四肢的活动。而等到妈妈怀孕七个月之后，宝宝的动作会越来越多，越来越激烈。这时的胎动不再像肠子蠕动或者鱼儿游泳，妈妈会有很明显的感觉，甚至有时会看到自己的肚子上突然凸起一块，那就是宝宝在打拳或者踢腿。

这样说来，胎动还真是一种宝宝和妈妈最为明显和直接的联系方式，凭借对胎动的了解和认知，妈妈便能够知道此时宝宝的状况。那孩子怎么通过胎动发出求救信号呢？

一般而言，腹中的胎儿大致可以分为安静型和兴奋型两种。安静型宝宝，胎动是比较轻的，次数也较少；而兴奋型的胎儿刚好相反，不仅胎动激烈，而且次数也很多。如果一个原本安静的胎儿突然间变得躁动不安，或者一个原本兴奋的孩子变得十分安静，就说明孩子肯定有什么不对，他正在向妈妈发出求救信号。事实上，这种胎动异常往往是腹中宝宝缺氧的征兆。

研究显示，如果胎动在 12 小时内低于 10 次或者高于 40 次，则表明子宫内可能缺氧。更可怕的是，当子宫内出现缺氧症状时，妈妈并不会感到有什么不适。子宫缺氧很危险，因此关注胎动是非常重要的。

导致子宫缺氧的原因有哪些呢？

- 第一种原因可能是胎盘功能不佳，导致供给孩子的氧气不足。
- 第二种原因可能是脐带缠绕宝宝颈部。由于宝宝在妈妈腹中来回地运动，很容易发生脐带绕颈的情况。虽然这种情况很普遍，但是如果勒得太紧的话，宝宝就会缺氧，象征生命体征的胎动也随之减少或变得剧烈。如果妈妈没有及时感知到异常的胎动，宝宝就很有可能发生意外。

- 第三种原因是妈妈的体温异常。一般而言，由于羊水的隔离作用，妈妈的体温是不会对胎儿有太大影响的。但是，如果妈妈的体温超过了 38℃的话，宝宝就会受到影响。因为宝宝在妈妈肚子里不能用肺呼吸，他所需要的氧气都是通过脐带血摄取的。在妈妈体温超过 38℃时，子宫和胎盘的血液量就会减少，因而宝宝无法得到足够的氧气，就会出现缺氧的情况。

那妈妈们究竟怎么通过胎动来检测胎儿是否缺氧呢?

除了去医院检查，最为简单易行的方法就是妈妈们自己数胎动的次数。一般采用的是 12 小时的胎动计数，即在早、中、晚固定的时间各测试 1 个小时的胎动数，将 3 次的胎动数相加再乘以 4，就是 12 个小时的胎动数了。一般而言，若胎动数每小时不低于 3 次，则说明胎动正常；或者在 12 小时之内，胎动在 10~20 次，也说明胎动正常。

另外，胎动也是有自己的高峰和低谷的，妈妈不要因此而错误地估计了胎动。一般而言，在一天之内，胎儿有两个活动的高峰期，一个是在 19 点到 21 点，另一个则是在 23 点到凌晨 1 点。

此外，妈妈的睡姿、运动以及情绪等也都会引起胎动，譬如妈妈的睡姿使宝宝感到不舒服时，他就会通过激烈的胎动来提醒妈妈。

总之，胎动作为孩子的求救信号，真的非常重要，所以各位妈妈一定不要掉以轻心。但是，妈妈们也不用过分的紧张。如果感到胎动有什么异常，先要冷静下来仔细观察。如果真的出现胎动过多、过少甚至停止的情况，妈妈就要及时去医院就诊。

知识聚焦

胎动是宝宝生命最为客观和明显的表现之一，它能够告诉我们宝宝成长发育的情况，同时也是宝宝感到危险时最直接、最有效的求救信号。如果出现子宫缺氧等危险情况，宝宝会通过胎动来提醒妈妈，以便妈妈及时就诊。

宝宝的出生过程暗示着人格特质

经过漫长的十月怀胎，宝宝与妈妈终于从最亲密的状态分开。然而各位妈妈是否知道，宝宝出生的过程，实际上已经在向人们暗示他未来的人格特质。每个宝宝出生时就随身带了一份说明书，通过观察一个宝宝的诞生过程，可以大概知道宝宝的人格特质是什么样的。这样一来，妈妈们就可以以小观大，更加了解宝宝的脾气，从而更好地呵护和教育宝宝。

在妈妈的肚子里，可爱的宝宝们在羊水的包围中尽情享受着美好的生活，他们时而翻身，时而踢腿，犹如宇航员在太空中漫步。但是这样的日子是有尽头的，他们必须从妈妈的温巢中离开，来到外面的世界。就像一首歌中所唱的那样，“外面的世界很精彩，外面的世界很无奈”，宝宝对外面的世界既好奇又犹豫。在妈妈肚里的 10 个月都是在黑暗中度过，宝宝难免对外面的世界有着强烈的好奇心。可是啊，宝宝也是犹豫的。虽然外面的世界吸引力很大，但是新鲜的东西同时会有陌生感，而陌生感带来的就是恐惧感，实际上宝宝对于外边的世界还是害怕的。况且，妈妈子宫里的幸福生活实在让宝宝舍不得啊！这可怎么办啊？在好奇与恐惧中徘徊，即将出生的宝宝注定需要妈妈的呼唤，需要妈妈在适当的时候鼓励和引导自己。因为对于宝宝来说，最值得信任也唯一可以依靠的只有妈妈。

在妈妈分娩的时候，只有妈妈与宝宝相互配合，通力合作，才能够让宝宝顺利来到这个世界。而在分娩的时候，妈妈肚子里的宝宝实际上已经知道此时此刻将要发生什么，也知道自己在这个时候应该做什么了。

分娩之际，妈妈会向宝宝传送信息，告诉宝宝“宝贝，是时候出来了”。当然，这种信号不可能用语言告知宝宝们，而是有更好的办法。宝宝在妈妈子宫中的美好生活离不开羊水，一旦这些幸福的水变少，宝宝就知道会发生什么事了。当妈妈即将分娩时，随着羊水的不断减少，子宫中的宝宝会越来越感觉到原来的乐土变得越来越拥挤，拥挤到自己无法再停留。与此同时，宝宝会通过妈妈的心跳等感受到妈妈的第一波阵痛，这时宝宝便知道是时候离开了。一般来说，在接收到妈妈的信号后，宝宝就会开始执行自己的任务，同妈妈一起努力，使自己一点一点离开温巢。

大体而言，妈妈在分娩时宝宝的表现可以分为积极与被动两种。那么何为积极、何为被动呢？一般而言，在母亲分娩时，宝宝都会配合的，只是配合的程度有所不同。当宝宝顺利通过产道将自己的小脑袋露在外边时，积极主动的宝宝就会在毫不借助外力的情况下将自

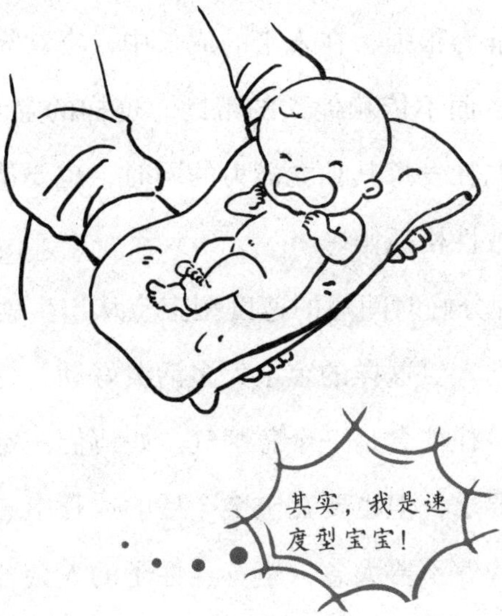

己的小手臂抽出来。当然，有些宝宝用的时间较长，有些宝宝则非常迅速，一气呵成，这也是重要的区别。另外一种宝宝就比较被动了，但被动并不代表不配合哦，他们也在尽自己的责任。当同样的情景出现时——脑袋已经从产道中伸出来了——这类宝宝不会自己“脱身”，而是等着外力的帮助。

说了这么多，下面就是各位妈妈最关心的问题了，宝宝不同的出生过程究竟体现了宝宝怎样的人格特质呢？

● 第一种宝宝，也就是在妈妈分娩过程中积极地靠自己的力量出生而又花费时间较长的宝宝，他们在此过程中表现得十分独立，因而独立能力很强，在未来的成长中，喜欢靠自己的力量战胜困难和挫折，而不依赖他人的帮助。这样的宝宝真是令人不得不爱，但妈妈们在发挥其独立能力的同时，也要帮助他们避免因过分独立而导致性格孤僻。

- 而另一种分娩时间短的速度型宝宝从出生就告诉我们，他是一个重效率的人。这样的宝宝大多活泼好动，行动敏捷，办事情不喜欢拖延，往往会是一个急脾气。妈妈们一定要注意尽量满足宝宝的速度要求，但也要在宝宝今后的成长中对他进行人格引导，让宝宝的脾气不要太急，毕竟急性子的人会容易冲动，对健康也很不利。
- 最后，就是被动型的宝宝了。在分娩过程中，这类宝宝更喜欢接受外力的帮助。被动就是这类宝宝的一种特质，他们喜欢接受别人的帮助，期待别人对自己主动施助，而不是自己主动地寻求帮助。这样的宝宝是十分贴心的，他们大多很听话，是非常可爱乖巧的宝宝。对于这类宝宝，妈妈们要多加关注，及时发现他们各方面的需求，并主动给予帮助。

当然，世界上的事情没有绝对的，虽然宝宝的出生预示着他们的一些人格特质，但并不意味着这些讯号就是确凿无疑的。毕竟人也是环境之子，许多因素在对人格的塑造中都起着作用，其中的变数很大。此外，现在许多妈妈都选择剖宫产，那样的话，就很难从分娩过程中看出宝宝的人格特质了。

知识聚焦

通过观察宝宝的诞生过程，可以大概预测出宝宝未来的人格特质。在出生过程中，独立型宝宝会积极地运用自己的力量配合妈妈分娩，速度型宝宝的分娩时间最短，而被动型的宝宝更喜欢接受外力的帮助。这预示着他们以后会有不同的性格特质。

第二章　0~2岁婴幼儿最常见的行为心理

对刚出生的宝宝来说，肢体语言是他们最主要的表达方式。想要知道宝宝在做什么，你就必须仔细观察宝宝的行为。也许一开始的时候，你不能完全明白宝宝行为背后的含义，但你也会和宝宝一同成长起来。

宝宝怎么吐奶了

出生后不久的宝宝突然间吐奶了，爸爸妈妈随之陷入了担心中。吐奶究竟是宝宝正常的生理反应，还是预示着宝宝有什么疾病呢？究竟是什么原因导致宝宝吐奶的呢？

首先需要说明的是，宝宝的溢奶和吐奶是两个不同的概念。所谓“溢奶”是指奶汁从宝宝嘴里流出，奶水呈点滴状，过程显得很温和。而吐奶则不同，吐奶是奶水从宝宝嘴里喷出来，过程明显比溢奶剧烈。从出奶量看，溢奶只是从宝宝嘴角溢出些许的奶，也就是一两口的样子，而吐奶的量则比它多许多。

一般吐奶的现象都出现在新生儿阶段，在早产儿身上体现得更加明显。宝宝吃完奶约一个小时后，便伴随着打嗝呕吐出大量的奶。通常，宝宝吐奶有以下几个原因。

- 首先，是因为宝宝还小，胃部和喉部还没有发育成熟。宝宝的胃部从正面看是横躺着的，呈现出不稳定的态势。对于宝宝来说，由于胃部刚刚启用，因而需要一定的时间才能顺利投入使用。对于成人来说，当食物进入胃部之后，胃部入口应当收缩起来将食物固定在胃里，防止它再逆流回食道。但是，宝宝的胃部入口比较松弛，因而极易将食物逆流回食道。同时，宝宝喉部的位置也要比我们成人的高；再加上宝宝含乳头的方式还不是很娴熟，所以宝宝在吃奶的时候除了吸入妈妈的奶水外，还吸入了大量的空气。这时，宝宝一旦出现打嗝或者其他引起身体震颤和晃动的情况时，就会发生吐奶的现象。

- 其次，宝宝还是一个小生命，身体的各个器官也是很小的，这样我们就需要考虑宝宝胃部的大小。如果宝宝的奶水摄入量超过了胃部的容积，就会发生溢奶和吐奶。婴儿的胃很小，而且呈水平放置的形态，这样的构造非常容易导致奶水存积。而如果妈妈不了解这些，过于频繁地喂奶，就会导致宝宝在下次进食的时候胃胀，出现吐奶的现象。所以正常的情况下，妈妈每隔三个小时喂一次奶是比较科学的。
- 再次，还有可能是因为小宝宝内部的发育不平衡造成的。婴儿的幽门肌肉发育得较好，但是与之相匹配的神经的功能不是很好，这两方面的不协调经常会使宝宝发生幽门的痉挛，使宝宝控制不好喝进去的奶，从而发生吐奶现象。
- 最后，由于现在有些妈妈没有奶水或者奶水少，宝宝吃不饱，所以只能吃用奶瓶冲泡的奶粉，这也是导致宝宝吐奶的一个重要原

因。因为奶嘴与妈妈的乳头不同，当宝宝吮吸妈妈的乳头时属于真空吸附，而吸奶嘴时还会吸入大量的空气，这些空气便成了宝宝吐奶的导火索。

那么当我们面对宝宝吐奶时，究竟应该做些什么呢？

第一，我们知道引起宝宝吐奶的一个重要原因就是宝宝在吃奶时摄入的空气过多。针对这种情况，我们可以从两个方面进行解决。

一方面要帮助宝宝将胃里的空气尽量多地排出来。在每次给宝宝喂完奶以后，将宝宝竖着抱起来，让宝宝的头伏在妈妈的肩膀上，同时用手轻轻地拍宝宝的后背，帮助宝宝打嗝。待宝宝打出奶嗝之后，再将宝宝放下。

另一方面要选择奶嘴孔大小合适的奶瓶。如果奶瓶的奶嘴孔过大，就会使宝宝在进食时发生呛奶。而如果奶嘴孔过小，就会使宝宝在进食时努力吸吮，吞进大量的空气，从而导致吐奶。所以，一定要挑选奶嘴孔大小合适的奶瓶。一般来说，如果将奶瓶倒置，奶汁流出来的不是一条线，而是一个一个的小奶珠，这样的奶嘴孔是最适合的。

第二，宝宝由于胃部存储量小，再加上消化功能还没有发育完善，所以不要在宝宝吃饱后立即和宝宝玩耍，以防宝宝因突然受到震动或剧烈的摇晃而吐奶，要保证宝宝进行 20~30 分钟的休息。

还要注意的就是，要做到让宝宝少食多餐，避免一次喂奶过多。如果不是母乳喂养，妈妈一定要注意调试奶水的浓度，不要太稠，也不要太稀。

其实，吐奶是宝宝在成长过程中的一个正常现象。等到宝宝长到四五个月大小的时候，这种现象就会随着宝宝消化系统的发育而减少。所以，妈妈们对于宝宝的吐奶现象不用过于担心。

另外，虽然宝宝看起来好像吐了很多奶，但实际上其中大部分是胃液，也就是说，宝宝不会因为吐出的奶过多而挨饿。有些妈妈不放心，怕宝宝挨饿影响身体的发育，而在母乳以外又给孩子加奶粉，这样反而对宝宝的成长不利。

如果宝宝在吐奶阶段体重跟着减轻了，或者吐奶非常频繁，而且颜色发绿，并伴有哭闹和咳嗽的现象，吐完奶后也不像平时一样有精神，那么就是宝宝在向你求救了。这时妈妈一定要带着宝宝到医院进行检查和治疗，以免影响宝宝身心的健康发展。

知识聚焦

1. 怎样区分溢奶和吐奶？溢奶是指奶汁从宝宝嘴角溢出，过程温和，出奶量小。吐奶是奶水从宝宝嘴里喷出来，过程剧烈，出奶量大。

2. 吐奶是新生宝宝的常见现象，一般是因为宝宝的胃部功能尚未发育完全，或是由于吃奶时吸进了空气。妈妈要注意的是，挑选合适的奶瓶，并让宝宝少食多餐，这样就能有效地预防吐奶。

为什么宝宝爱打嗝

我们已经知道，宝宝在妈妈肚子里的时候就开始打嗝了。那是宝宝在进行肺部呼吸的练习，为将来做准备。但是，那时宝宝打嗝并不频繁，而出生不久的宝宝，我们总是听到他们打嗝。这只是偶然现象，还是有什么必然的原因呢？宝宝打嗝究竟是在告诉我们什么呢？

打嗝现象在婴儿期非常常见。打嗝是因为我们的横膈膜收缩的缘故，而不停地打嗝则是因为控制横膈膜收缩的肌肉发生了痉挛。膈肌的运动受植物神经的控制，由于宝宝出生不久，身体功能尚未发育完全，当然植物神经也没有发育完全。在膈肌很强大的情况下，神经控制能力却不足，因而宝宝即使受到轻微的刺激（例如吃奶吃得太急或吸入的空气太凉），也会引起神经过度敏感，发出“嗝嗝”的声音。

许多妈妈担心宝宝打嗝是因为身体有什么问题，或者担心宝宝会因为打嗝而感到不舒服，因此总是想办法让宝宝停止打嗝。妈妈的担心我们可以理解，因为成人在打嗝的时候总是会感到很难受。不过，虽然宝宝每次打嗝都会持续挺长的时间，七八分钟，但宝宝根本不会有成人的那种不舒服的感觉。宝宝的这种打嗝现象被称为“自限性打嗝”，持续一会儿就会自己停止。而宝宝就像没事人一样，感觉不到前后的变化，更不用说难受了。一般宝宝到了三个月的时候，调节横膈膜的植物神经就已经发育完善了，打嗝也就不会再这样频繁了。所以，宝宝打嗝不是病，而是宝宝在告诉你：我受到刺激了，妈妈，我还没发育好呢！

宝宝打嗝虽然有其自身的原因，但是不可否认，我们在照顾宝宝时也会为宝宝打嗝制造外因。通常情况下，导致宝宝打嗝有以下几种可能：首先可能是因为我们在照顾宝宝时没有太注意，致使宝宝

受到冷空气的刺激，宝宝吸入凉气，因而刺激了隔膜，导致隔膜收缩。也可能是因为我们给宝宝喂奶时没有注意奶水的温度，导致宝宝吃了冷奶，因而消化不良，引起打嗝。或者我们在给宝宝喂奶的时候太急，这也会导致宝宝打嗝。我们还经常看到妈妈为了安抚受了惊吓哭泣的宝宝，选择给宝宝喂奶，而这时宝宝还在哽咽，所以极易发生打嗝现象。还有就是，妈妈没有注意给宝宝喂奶的量，使得宝宝吃撑了，这样也会诱发打嗝。

这么多原因都能引起宝宝打嗝，那妈妈们怎么分辨到底是哪一种原因引起宝宝打嗝的呢？妈妈们别急，下面我们就来介绍怎样区别应对不同原因引起的宝宝打嗝。

- 如果健康的宝宝突然间打起嗝来，并且嗝声连续、高亢有力，这种情况一般是受寒所致，还有可能是宝宝的尿布湿了，让他感觉不舒服。遇到这种情况，妈妈可以给宝宝喝一些热水，给宝宝盖好棉被，特别是要盖住胸腹部。如果发现宝宝的尿布湿了，就要及时给宝宝换尿布。这样，宝宝慢慢地就不再打嗝了。
- 如果宝宝在打嗝时，我们能够闻到一股酸腐的味道，那说明宝宝很可能正在经历消化不良。这时就需要妈妈轻轻地按摩宝宝的胸腹部，帮助宝宝消化；也可以给宝宝服用一些消食健胃的东西，例如效果非常明显的山楂水或者其他健胃消食的儿童药物。
- 如果宝宝打嗝持续的时间较长且频率较高，可以给宝宝适当喝一些温水，同时把宝宝抱起来，轻轻地拍他的背。妈妈还可以在宝宝打嗝的时候，将自己的指尖放在宝宝敏感的嘴周围，或者在宝宝耳朵边和脚底轻轻地挠，这样宝宝就会转移自己的注意力，而使植物神经得到放松，从而使打嗝慢慢停止。当然，用玩具来逗宝宝，或者给宝宝放一些轻柔的音乐，都能够起转移宝宝注意力、使宝宝放松神经的作用。如果采取了以上措施，宝宝的打嗝还是得不到控制，那么妈妈就要带宝宝到医院进行检查了。

说到这里，妈妈们一定明白宝宝为什么打嗝了吧？所以，在平时照顾宝宝的时候一定要注意避免刺激宝宝打嗝。如果宝宝打嗝也不要惊慌，找准宝宝打嗝的原因，及时采取相应的措施就可以了。

知识聚焦

宝宝打嗝不是病，而是因为还没发育好，容易受到刺激。虽然宝宝不会有成人打嗝时那种不舒服的感觉，但妈妈也应该尽量避免刺激宝宝。如果宝宝打嗝持续的时间较长，可以给宝宝喝一些温水，轻拍他的背部，并转移他的注意力。

宝宝为什么吐舌头

我们常常看到宝宝没事的时候吐舌头，虽然憨态可掬的样子很可爱，但是为人父母的我们总不免担心这是一种不好的习惯，会影响宝宝的健康发育。那么，宝宝这一举动究竟是怎么一回事呢?

我们通常将宝宝爱吐舌头的阶段叫作“口腔期”，这一阶段一般是宝宝从出生到 1 岁左右，这时的宝宝通常喜欢将所有的东西都往自己的嘴里塞。从神经科学的角度来看，之所以会这样，是因为小宝宝的神经发育是从中心向外围扩展的，以至于宝宝嘴部的神经要比手上的神经发育得快。这样，在探索事物时，嘴获得的信息就会更加直接、准确，因而宝宝更喜欢用嘴进行探索。而作为嘴里的活跃分子——舌头，它的探索任务就更加义不容辞了，所以我们才会看到宝宝经常往外吐舌头。

由此我们可以知道，原来宝宝爱吐舌头并不是因为他得了什么病，只不过是他在一定年龄阶段的正常反应。小宝宝没事总是吐着可爱的小舌头，舔舔这舔舔那，其实是在告诉妈妈：妈妈，你看我

在学习呢！

我们都知道，宝宝一出生便已经会吸吮了。其实，宝宝已经将吸吮当作一种生活习惯了，一有东西就喜欢放在自己嘴里舔一舔，尝一尝。宝宝的这些举动都是在说明自己心情很好，感觉很舒服，对外界的事物很有兴趣。

另外，我们都知道一些人的口齿不清是由大舌头造成的。而大舌头其实就是因为舌系带过短而形成的。这样的人舌头无法伸出唇外。而我们的宝宝欣然地将舌头伸出来，其实也是在告诉妈妈：妈妈，我可是正常宝宝哦，我不是大舌头。

宝宝频繁吐舌头的另一个原因可能是对家长的模仿。为什么这样说呢？因为在宝宝出生后一两个月，宝宝的唾液腺就会开始分泌唾液，因而宝宝就会自发地吐舌头、舔唾液。这时，在旁边逗弄宝宝的爸爸妈妈很有可能就会学宝宝那样吐舌头。而这一时期，具有强烈的好奇心和求知欲的宝宝就会十分专注地看着爸爸妈妈的动作。在与爸爸妈妈的交流中，宝宝会误认为这是同爸爸妈妈交流的方式，因而自己就开始延续这种方式。之后再与爸爸妈妈游戏时，宝宝就会运用这种方式来和他们沟通，用自己的调皮逗弄爸爸妈妈。所以，爸爸妈妈一定要注意与宝宝的交流方式，如果发现宝宝吐舌头太过频繁，就要想想自己是否曾经给孩子树立过这样一个榜样。

大多数情况下，宝宝吐舌头都是正常的现象，所以外国的家长对孩子的这种举动感觉很放心，只要保证宝宝送进嘴里的东西干净卫生就可以了。而在国内，家长就会因此陷入很大的顾虑中，例如担心宝宝的嘴形受影响、担心宝宝这样不卫生、影响健康等。如果爸爸妈妈实在担心的话，不妨给宝宝一些替代性的物品来减少宝宝吐舌头的动作，例如卫生奶嘴或者无毒的玩具等。

宝宝吐舌头这一现象只是一定时期内的正常反应，爸爸妈妈如果没有发现其他的异常举动，那就大可不必担心，到了一定时期，宝宝的“口欲”会自动戒除的。通常来说,随着宝宝肢体功能的不断发育，舌头的探索功能会被随之而来的更为灵活便捷的探索方式所代替，宝宝吐舌头的现象在 1 岁以后就会逐渐消失。倘若宝宝已经 1 岁多了，仍旧会频繁地吐舌头，那很有可能是因为宝宝缺锌。只要家长及时带宝宝去医院检查确认，给宝宝适当补锌就可以了。

现在，我们明白了为什么宝宝会吐舌头，也知道了宝宝吐舌头这一动作在告诉我们什么，那就让我们更好地照顾他们吧！

知识聚焦

宝宝喜欢吐舌头，还喜欢把东西往自己嘴里塞，这其实是宝宝在探索身边的事物，爸爸妈妈只要保证宝宝送进嘴里的东西干净就行了。如果确实担心，爸爸妈妈也可以给宝宝一些替代性的物品，如卫生奶嘴等。

宝宝喜欢被抚摸

英国媒体曾报道过一件令人感到十分神奇的事情，这件事情再次让我们相信了母爱的伟大。一位名叫凯特的妈妈在怀孕 27 周之后早产了，在一家医院生下了一对龙凤胎。其中，女婴很健康，可是不幸的是，那名男婴在 20 分钟的抢救后，仍旧没有呼吸。医生不得不宣告男婴的死亡，并将遗体交与凯特夫妇。凯特伤心欲绝，她不愿接受这样的事实，于是轻轻地抱着儿子，温柔地抚摸他，并不停地对他讲话。两小时过后，小男婴奇迹般地显现出了生命体征。于是凯特又给他喂了一些母乳，不一会儿，小男婴竟然开始正常地呼吸了。

这则故事让我们感叹母爱的伟大的同时，也让我们重新认识到了抚摸对于婴儿的作用。美国著名的人类学家阿什利·蒙塔古曾经指出："人们没有意识到婴儿也需要交流。婴儿与世界的最初交流大多是通过皮肤实现的。如果大多数人意识到这一点的话，婴儿就可以得到他们所需要的皮肤刺激了。"我们经常看到，出生不久的婴儿不喜欢自己躺在床上，如果在清醒的时候将他放在床上，他就会不停地哭。

而如果此时你抱起他或是抚摸他的身体，他就会停止哭泣，甚至开心地发出咿咿呀呀的声音。

其中究竟有什么秘密呢？我们从孩子的肢体语言中不难看出，在被触摸时，宝宝是开心的。而宝宝为什么喜欢被触摸呢？皮肤是覆盖在人体表面的最大、最基本的感觉器官。在妈妈肚子里长到五六个月的时候，宝宝就具备了触觉。当时，在妈妈的肚子里，有温暖舒适的羊水给予宝宝良好的触觉刺激。而当宝宝动时，柔软的子宫壁

再次给予他良好的刺激。甚至当宝宝出生时，子宫有规律的压缩也给了他美好的触觉感受。所以，在妈妈肚子里的时候，宝宝已经被良好的触觉刺激给“惯坏了”。出生后，离开了那个温暖的巢，宝宝以往受的触觉刺激也跟着消失了，于是宝宝陷入了一种不安的状态。而抚摸和拥抱就可以重新给宝宝带来触觉的刺激，为宝宝带来安全感，所以宝宝喜欢被拥抱和被触摸。

除了日常生活中的拥抱和触摸，妈妈们还可以对孩子们进行专门的按摩。有技巧地对婴儿进行全身的按摩被称为“抚触”，它能够让孩子产生一种类似于在妈妈肚子里的良好感觉。这种良好的感觉会让宝宝产生身体上和情感上的双重满足，从而产生良好的生理效应和心理效应。

那么究竟如何给宝宝做抚触呢？在给宝宝进行抚触时应当注意哪些问题呢？

- 为婴儿做抚触时一定要讲究顺序，从头部做起，一直向下，做到胸部、腹部，再到四肢。
- 抚触时，妈妈一定要注意让宝宝处在温暖舒适的环境中，以保证宝宝的情绪良好。
- 妈妈的手一定要光滑、温暖，不要戴首饰，不要留长指甲，以免在抚触时弄伤宝宝。
- 妈妈可以事先找一些婴儿润肤液涂在手上，起到润滑的功效，但不可以给宝宝使用精油。

- 在给宝宝进行抚触时，妈妈的力度一定要轻。
- 妈妈们可以坐在宝宝旁边，上身前倾，因为这样的姿势可以保持一段较长的时间，有利于妈妈控制抚触的力度。
- 最后要注意抚触的时长应适宜，一般保持在 10~15 分钟，不要超过 20 分钟，以免宝宝感到厌倦。对宝宝的抚触可以一直持续到宝宝 1 岁。

宝宝喜欢被抚摸，抚摸不仅对宝宝的身体发育和智力发育功不可没，它更是母子之间联络感情的一种重要方式。所以，妈妈平时一定要多与宝宝接触。

知识聚焦

在妈妈肚子里时，宝宝已经被良好的触觉刺激给“惯坏了”。抚摸和拥抱宝宝，可以重新给他带来良好的触觉刺激，让他感到安全舒适，所以宝宝喜欢被拥抱和被触摸。妈妈也可以给宝宝做专门的抚触，以加深亲子之间的感情。

宝宝常用的求助讯号

分娩以后，宝宝便离开了妈妈的温巢，从此宝宝再也不能通过踢打来向妈妈传递自己的信息了，那么，宝宝又该如何传递信息呢？不用担心，聪明的宝宝会通过自己的肢体语言来向妈妈传递求助讯号的。

宝宝的第一种求助讯号就是“哭”。宝宝从母亲的身体中离开，来到这个陌生的世界时，就用自己的第一声啼哭来向这个世界宣布：我来了。在宝宝还不会使用语言来表达自己的想法时，一个简单的“哭”字蕴含了许多的含义，所以，妈妈在面对宝宝最常见的啼哭时，反而要更加用心。

离开了妈妈的身体，宝宝失去了那条持续提供营养的脐带，首次被饥饿感包围，而此时的拼命啼哭便向妈妈发出了这样的信息：妈妈，我饿啊！但是，这一次啼哭是很特别的一次啼哭，所包含的信息远远不止一个“我饿了”。

因为这是宝宝第一次来到这个陌生的世界，从妈妈肚子中适宜的温度到接触外面的冷热刺激，从羊水的舒适环境中到接触包裹着自己的面料，从黑暗的腹中到充满光线的世界……光线、温度、声响，大量陌生的刺激在出生的一瞬间涌向了宝宝，于是乎，宝宝以哭喊的方式向这些信息做出回应，好像在说:好多刺激，我有点受不了了，谁来救救我啊！这时，宝宝需要我们把他从这些刺激中拯救出来。

毫无疑问，经过与妈妈的通力合作，此时的小家伙已经很疲惫了，但是陌生的刺激以及不安定的环境和内心，使得小家伙又得不到休息和能量补给。这时,最好的办法就是让小家伙尽快吸吮到乳汁，因为吸吮的动作对孩子具有安抚情绪的作用，而乳汁可以消除孩子的饥饿感。另外，通过吸吮妈妈的乳汁，宝宝可以感受到妈妈的温度，能够让宝宝感受到“妈妈就在我身边，我是安全的”。

在大人的世界中，舒服地躺在床上实在是一件惬意的事情，但是对于宝宝来说，这件事情并不舒服。妈妈们经常会发现这种情况：刚把宝宝放到床上，准备稍稍休息一会儿，宝宝就毫不留情地啼哭起来。妈妈马上又抱起宝宝，以为是饿了或渴了，可是喂了奶水，宝宝还是哭。这究竟是怎么一回事呢?

原因要追溯到宝宝在妈妈腹中的时候。宝宝在妈妈子宫里并不是一动不动的，而是处在一种有规律的运动之中，但是当宝宝离开妈妈身体后，这种律动就停止了。对于宝宝而言，律动的停止意味着他熟悉的规律被打破了，自己的安全受到了威胁。于是，宝宝便会以啼哭的方式向外界表达自己安全受到威胁时内心的恐惧。

面对这种情况，妈妈可以将宝宝抱起来，并通过规律且力量适度的晃动来代替律动，使宝宝的情绪得到安抚，获得安全感。这种方法非常有效，但一定要记住只能是律动，而且是连续和力道适度的律动。除此之外，妈妈们还可以利用婴儿床来做这种工作。一边摇着婴儿床，一边哼着甜美的摇篮曲，正是好妈妈的经典形象。

现在，我们来总结一下日常生活中宝宝不同的啼哭所表达的不同意思。

- 如果宝宝是在喂奶后两小时左右时哭的，声音不高不低，哭声较短，而且很有节奏，同时还转动着头部，小嘴出现左右寻觅的动作，这是宝宝在告诉你：妈妈我饿了，快些给我喂奶吧！
- 如果宝宝已经吃完奶了，刚刚睡醒就开始哭，哭声毫无规律，声音长短不同，高低也不同，而且边哭边扭动自己的小屁股，这时宝宝是在告诉妈妈：我尿床了，妈妈快些帮我换尿布吧。
- 当宝宝吃饱后，在入睡前或玩耍时开始哭，哭声同样没有节奏，哭哭停停，眼睛还来回寻觅，这是宝宝想要爸爸妈妈来抱抱自己。
- 如果宝宝哭声很高，并且小手小脚不停地乱舞乱蹬，小脸上有明显的汗珠，这表明宝宝很热，感到不舒服，宝宝在告诉妈妈少给自己盖些被子。
- 如果宝宝的哭声长而高，并且一阵一阵的，检查宝宝的身体也没有什么异常，即使喂奶也无法使宝宝停止哭声，这说明宝宝的身体不舒服，妈妈应该及时带着宝宝就医。

宝宝的另一种求助讯号就是传递自己的眼神。我们经常会看到这种情形：当宝宝置身于陌生的环境，周围有许多陌生人时，宝宝就会用眼睛寻觅熟悉亲密的人。一旦找到，他就会锁定目标，同时开始哭。

这时，亲人的一个怀抱便可以使他马上转悲为喜。

宝宝在学会用语言表达之前，只能够通过哭声、眼神、动作等发出求助讯号。所以，妈妈一定要仔细观察宝宝的一举一动，辨识宝宝的求助讯号，及时帮助宝宝。

知识聚焦

“哭”是宝宝本能的求助方式，不同的哭声有不同的含义。妈妈一定要注意观察、分辨，掌握宝宝每一种哭声的意思，及时满足宝宝的需要。宝宝的眼神等也能传递宝宝的求助讯号，这些都需要妈妈用心去体会。

宝宝要你注意保持距离

人们常说，距离产生美。成人之间在交往时要想把关系处好，距离的拿捏一定要注意。那么，宝宝是否也需要这种距离感呢？有时候我们把脸凑近宝宝，希望与宝宝享受亲密的温存，这时宝宝却很不领情地眨巴眼睛、咳嗽，甚至打嗝、打哈欠。宝宝的这种反应是偶然的，还是在向我们传达什么信息呢？

实际上，宝宝的这些表现是在告诉我们：妈妈，你离我太近了，我感到不舒服了，注意保持距离哟。原来，宝宝出生后的几个月中，眼睛还没有充分发育好，因而只能看清与自己眼睛保持一定距离的事物。一旦越过这个范围，宝宝就无法辨别所看到的事物了。

有时候，我们会看到这样的情形：宝宝躺在床上，在适当的距离中看到了妈妈，宝宝会感到“妈妈在看我呢，我好高兴”，随即绽放出美丽的笑脸。而有时，妈妈脸对脸地逗着宝宝，宝宝却仿佛不认识自己的妈妈，满脸茫然。这种情形其实就是因为妈妈离宝宝太近了，而宝宝只能在适当的距离中辨认事物，所以当眼前茫茫然，看不清时，

宝宝就会感到害怕。不过，随着成长，宝宝所能辨识的范围会不断扩大。爸爸妈妈经常会和宝宝进行一种游戏：一下子将脸靠近宝宝，一下子又拉开与宝宝之间的距离。宝宝一般都会很开心，发出兴奋的笑声。实际上，在游戏过程中，妈妈的脸凑近宝宝时，宝宝并没有看清楚靠近自己的是什么。之后，当妈妈拉大与宝宝的距离时，妈妈的脸才出现在宝宝的视线中，宝宝辨识出是妈妈的脸庞，于是笑容便绽放在了脸上。

而另一种情况就不会这么好了。假如你不是在和宝宝玩游戏，却突然把脸靠近又突然离开，这时宝宝就会不高兴，他会把脸撇开，挥动着自己的小手小脚，展露着自己的不悦。有时妈妈这个动作带来的压迫感太强烈的话，宝宝甚至会大声喊叫。

为什么这种情况会引起宝宝如此强烈的反应呢？就像前面所说的，由于只有当事物出现在适当的距离时，宝宝才能够辨认出来，而妈妈在不是游戏的情况下，突然将脸靠近又移开，宝宝根本无法看清眼前的事物。游戏所产生的习惯使得宝宝在等待事物出现在适当距离中，但是等待没有实现。就像成人眼前的东西突然出现又突然消失，而自己又没有看清楚，就会感到一种苦闷。同样，宝宝在这种情况下也会感到不舒服，甚至烦躁。于是，他会转过脸，挥动自己的小手小脚，告诉你：我烦了，不和你玩了。

妈妈要善于观察宝宝的这种讯号，要知道在宝宝出生后几个月内，与宝宝保持适当的距离是十分重要的。首先距离不能够太近，而具体的距离要通过观察宝宝的反应来拿捏，基本上不会引起宝宝的不良感受即可。其次距离也不能过大。正像我们所说的，宝宝只能看到一定距离之内的事物，超出了这个距离，宝宝基本上就会无视你，而看不到自己的妈妈，这无论对宝宝的心理还是母子感情都是不利的。一般而言，和宝宝的距离保持在20或者25厘米即可，并且随着宝宝的成长，这个距离也要相应地增加。

保持距离实际上也是一种尊重。成人之间的交流往往都注意彼此之间距离的拿捏，距离太近或者距离太远都不利于交流的正常进行。虽然对于不谙世事的宝宝来说还没有什么“尊重”的概念，他所表现的只是一种本能的反应，但这种生理的不适感正是将来人与人交往的距离感的起源。所以，我们一定要注意把握与孩子之间的交往距离，尊重孩子，尊重孩子的成长。

知识聚焦

在宝宝出生后的几个月中，与宝宝保持适当的距离非常重要。这一方面是为了适应宝宝的视力发育情况，另一方面也体现了对宝宝的尊重。距离太远或太近，都会让宝宝产生不适感。

宝宝的单边移动不是病

宝宝出生以后，爸爸妈妈以及其他亲人都开始围着他转，尽情享受着天伦之乐。大人们常常会用各种玩具来吸引挑逗好奇的小家伙，而几个月大的宝宝已经学会了自己去抓取感兴趣的东西。但细心的妈妈也许会发现，眼前的宝宝只会单边移动。例如，当妈妈从左边将玩具递给宝宝时，宝宝只会用左手抓取。同样，如果从右边将玩具递给宝宝，宝宝就会毫无疑问地从右边抓取。这是怎么回事啊？妈妈马上担心起来，是不是宝宝有什么先天性的障碍啊？妈妈们可以放心，这不是什么障碍，而是宝宝成长的一个必经阶段。

众所周知，宝宝在刚出生时，脑部还没有发育完全，在之后的几个月内才能发育完全。宝宝之所以会出现单边移动，就是因为连接宝宝两个脑半球的胼胝体尚未发育完全，无法实现相互的连接，造成宝宝左右两个脑半球的信息处于一种互相屏蔽的状态。也就是说，此时宝宝的两个脑半球是各司其职，左脑的信息无法传送到右脑，右脑的信息也无法传送到左脑。所以，在胼胝体发育完全之前，宝宝

左边递过来，肯定是用左手抓嘛！

只能够进行单边移动。随着宝宝不断地成长，胼胝体逐渐发育完全，左右脑的信息交流畅通起来，宝宝的四肢便会逐渐实现自由的移动。

虽然这是一个必经的成长过程，但是并不意味着妈妈们无事可做。在宝宝能够自由地使用四肢前，对宝宝们进行训练和培养十分重要。例如，妈妈们可以拿着玩具让宝宝进行抓取训练，通过这样的训练可以促进宝宝脑部发育和手脚的运动，帮助宝宝发育。

另外，由于胼胝体的发育尚未健全，也会出现这样的状况：当我们用玩具逗宝宝时，宝宝除了会出现单边移动之外，还会发出一些声音，并不停地晃动着可爱的小脑袋，以表达他此时无法用语言表达的兴奋与激动。这又是怎么一回事呢？原来，在胼胝体逐渐发育完全的过程中，虽然左右脑处于一种互不相干的工作状态中，但是左右两个脑半球的分工也有轻重缓急。也就是说，宝宝的左右脑有一个主角和一个相对的配角，而这个主角就是右脑。掌握着主控权的右脑，能够接收所有信息并进行传输，所以，宝宝的上述表现就不再奇怪了。

妈妈们都爱自己的宝宝，当然不愿意让他们输在起跑线上。那么，在明白了宝宝单边移动的原因后，你是否有所启发呢？我们都知道，左右脑的分工是不同的，右脑主要支配的是情感、情绪以及创造力，而左脑侧重的是逻辑思考能力。由于我们的生活既离不开感性也离不开理性，既需要情感也需要逻辑，所以宝宝的左右脑都很重要，需要平衡发展。妈妈们可以通过锻炼孩子的左边肢体来锻炼孩子的右脑，锻炼孩子的右边肢体来锻炼其左脑，这样便可以使孩子获得平衡的发育和成长。

知识聚焦

宝宝之所以会出现单边移动，是因为宝宝的脑部尚未发育完全，所以妈妈们不必过于担心。虽然这是宝宝的一个必经的成长过程，但并不意味着妈妈们无事可做。妈妈们可以通过让宝宝抓取玩具等促进宝宝的脑部和四肢的发育。

注意宝宝紧握的拳头

在成人的世界里，当一个人被愤怒所包围并在酝酿某一刻的爆发时，我们常常看到那个人紧紧握着拳头。而妈妈们在照顾宝宝的过程中，可曾注意到宝宝紧握的拳头呢？宝宝紧握的拳头又有什么含义呢？

在日常生活中，需要我们做的事情并不一定都是我们心甘情愿去做的，总有一些事情是掺杂着我们的一些抵触情绪的。例如，需要喝下苦涩难闻的中药时，我们常常会不自觉地握紧拳头。又如，我们将手迅速浸入冰冷的水中，再快速地抽出，这时我们下意识的第一个动作也是握紧拳头。面对不适或痛苦时握紧拳头的动作，究竟是巧合还是某种必然呢？

研究表明，当人们面对痛苦时，肌肉的紧张能够暂时提高人的承受能力。所以，痛苦来临时握紧拳头，其实就是一种肌肉的紧张，而这种紧张就是为了减轻痛苦。

我们常常看到宝宝握紧拳头，小脑袋和身体不停地扭动，脸上的表情也急剧变化。不一会儿，宝宝的哭声便响起了。现在，宝宝的这些动作就不难理解了，人的肉体和精神是紧紧相连的，这一点不仅表现在肢体行为能够传达精神情感，同时还告诉我们肉体对于精神也是起作用的，二者是相互影响的。如此说来，宝宝握紧拳头是试图通过肉体来作用于精神。而从另一个角度说，宝宝握紧拳头是在向我们传达他此时的痛苦或者不悦。

我们经常在影视剧中看到这样的情景：当一个人遭受巨大的心灵创伤时，他往往会握紧拳头，身体紧绷，仰天大啸。而在这种情绪的宣泄方式上，孩子与大人是相同的。

除了情绪不满时宝宝会用这种方式宣泄，当身体中的不适感愈加强烈但又没超出承受范围（例如肠胃不适或者便秘）时，孩子也会通过握紧拳头来减轻痛苦。

所以，妈妈一定要注意宝宝紧握的拳头，及时发现宝宝的苦处。

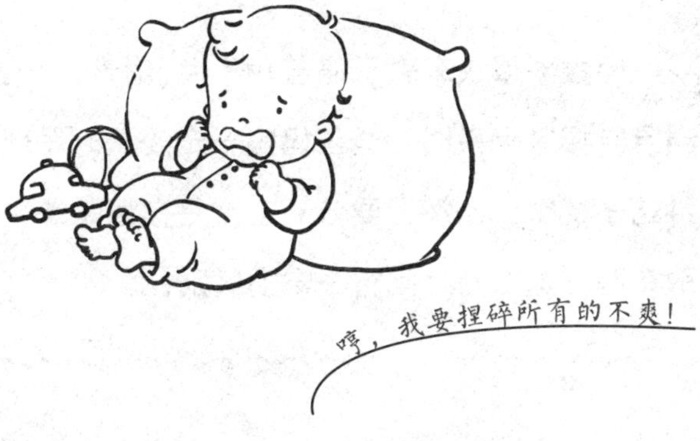

当宝宝由于精神紧张或者不悦而握紧拳头时，妈妈可以通过抚摸宝宝的身体来安抚宝宝，让宝宝知道“妈妈明白我现在很害怕，妈妈在我身边”。如果宝宝是因为情绪不好而攥紧拳头，那妈妈一定要找到宝宝情绪低落的原因，及时与宝宝交流。此外，给宝宝喂食一定要适量、适时，同时注意食物的温度，以免宝宝存食或者摄入的食物温度过低，导致肠胃不适、便秘等。

最后提醒各位妈妈一下，一定要分清宝宝是在握紧拳头还是在试图抓取东西，这二者之间存在着一定的区别。宝宝抓取东西的动作持续的时间会很短，只是一个瞬间的动作，而握紧拳头的动作会持续一段相对较长的时间。由于宝宝的肢体行为只能靠我们单方面解读，所以准确分辨宝宝不同的肢体行为，对于我们理解孩子的意图是非常重要的。当然，这一切都离不开妈妈们的细心和关心。现在就看看自己身边的宝宝有没有握紧拳头吧。

知识聚焦

用握紧拳头来表示痛苦和不悦，对大人和宝宝都适用。当宝宝握紧拳头时，爸爸妈妈一定要及时发现宝宝的苦处并给予抚慰。当然，要分清宝宝是在握紧拳头还是试图抓取东西，这二者之间有一定的区别。

婴儿吮吸手指在告诉我们什么

新出生的宝宝会经常做吸吮的动作。细心的妈妈会发现，即使没有喂奶，宝宝也会经常做出吸吮的动作，后来就会吸吮自己的整只手，再后来则发展到吸吮某个手指头。许多妈妈为宝宝的这个动作感到不安，怕宝宝会养成什么坏习惯，以至于影响宝宝以后的健康成长。其实，对于出世不久的婴儿来说，这是一种正常的现象，是宝宝在这个发育阶段正常的行为。

宝宝出生后的第一年是宝宝人格发展的第一个阶段，这一阶段被称为“口腔期”。这一时期，是宝宝口腔周围的神经发育的时期。一旦宝宝感觉到饥饿，无论嘴巴接触到什么东西，都会引起宝宝的吸吮反射。宝宝具有强烈的吮吸欲，尤其是在睡觉时间，这种欲望就更明显。因此，妈妈们就会经常看到睡梦中的宝宝还在不停地吮吸。

有些妈妈认为睡梦中的宝宝会出现这种吮吸，是因为宝宝饿了，便急忙把美味的乳汁送到宝宝的口中，生怕宝宝受一点儿饿。毕竟这一时期是宝宝快速生长的时期，需要充沛的食物供给。其实，这

种想法并不完全正确，宝宝的这种吮吸只是他在这一发育期的一种生理性反射。如果妈妈不了解这一点，只是盲目地喂奶，就有可能导致宝宝存食甚至生病，反而弊大于利。

妈妈的哺乳对于宝宝来说意义重大，除了供给宝宝基本的营养，使宝宝吃饱吃好外，宝宝还能通过吮吸妈妈温暖的乳汁获得一种安全感，得到心灵的慰藉。因此，一旦宝宝感到压力或者陷入紧张时，就会通过吸吮手指（代替吸吮妈妈乳汁的动作），来获得安全感和放松感。所以，宝宝吸吮手指实际上是在向我们传达他的不安与恐惧，表示他渴望获得安抚。

宝宝认识世界是先从嘴开始的。因为大脑尚未发育完全，所以对新生婴儿来说，四肢此时并不是自己身体的一部分。换句话说，虽然手长在身上，但在宝宝的意识中，并没有“手”的概念。出于对世界的好奇，孩子会将手放在自己嘴里吮吸，然后会吸吮自己的某一个手指头，这样一点一点认识自己的手。其实，宝宝的这一举动表明他的大脑正在逐渐发育健全，同时正在不断地提高对自己身体的支配能力。因此,孩子吸吮手指实际上也是在向我们传达这样的信息：爸爸妈妈你们看，我在成长。

一些妈妈总是担心吸吮手指很不卫生，会给孩子带来健康问题。其实，妈妈们不用太担心，因为处在这一时期的孩子无论什么都会放在口中吸吮，相对于其他物品，手指还是比较卫生的，并不会给孩子带来多大的危害。如果妈妈强行禁止宝宝的这一举动，就会使宝宝的需求得不到满足，从而导致宝宝长大后出现咬指甲等不良习惯，还有可能使宝宝的脾气变得暴躁，缺乏安全感，影响其人格的正常发展。

也有一些妈妈使用安抚奶嘴来替代宝宝吸吮手指，这样做是可以的，不过需要提醒妈妈的是，奶嘴一定要注意消毒。另外，虽然奶嘴可以使孩子得到一种安慰，但不一定就是孩子真正的需求，所以妈妈一定要细心观察孩子真正的需求。如果妈妈们打算仅凭安抚奶嘴使自己享一时之清闲，很容易使孩子对奶嘴过度依赖，影响孩子的正常成长。

宝宝吸吮手指的动作是其特定时期的一种正常举动。随着年龄的增长，孩子的这种举动会慢慢消失，所以妈妈不用担心这种举动会对孩子产生什么不良影响。只要妈妈多注意宝宝的肢体行为，多与宝宝进行肌肤接触，多和宝宝说话，给予宝宝最贴心的关怀，孩子就能健康成长。

知识聚焦

宝宝出生后的第一年是人格发展的口腔期，这一时期的宝宝是从嘴开始认识世界的。吸吮手指是宝宝的常见动作，能够给宝宝带来一种心理安慰，对宝宝意义重大。妈妈不应强行禁止宝宝的这一举动，只需保证宝宝手指的卫生即可。

宝宝对“动”情有独钟

生命在于运动，运动代表着生命的存在。出于人类的天性，宝宝也很喜欢运动，不仅喜欢自己动，也喜欢动的事物。

宝宝常常会看床头时钟不断左右摆动的钟摆，视线还会不停地随之移动。也许有一天，时钟需要更换电池了，在小宝宝的视线里，钟摆消失了。这时候，小宝宝就可能会不停地左右移动自己的小脑袋，好像有什么不安。

妈妈们知道宝宝为什么看钟摆吗？其实宝宝是被钟摆的不断运动所吸引了。宝宝总是充满好奇心，会用自己可爱的双眼来捕捉周围目力所及的一切，尤其是会动的事物。一旦宝宝发现会动的事物，便会被其深深吸引，于是我们看到了为钟摆而痴迷的宝宝。

为什么孩子会对动的事物这么感兴趣呢？原来，正常的新生儿出生后两个眼球虽然已经成形，但视力并没有完全发育。一般而言，新生儿出生一周内的视力为0.01~0.02，一个月大的婴儿视力为0.05~0.1。出生后的三个月里，婴儿的眼睛并不会固定地看某个事物，

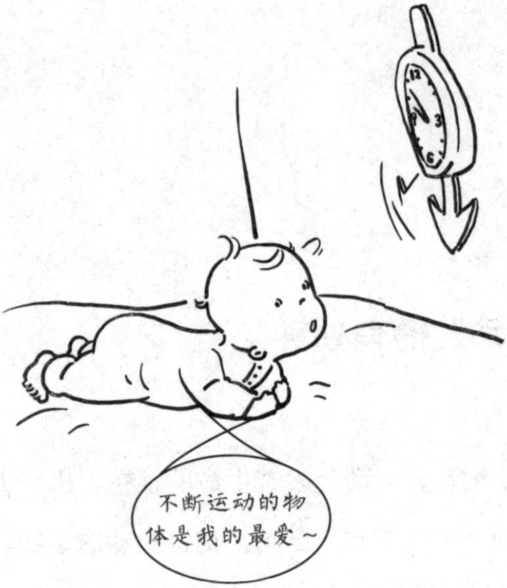

而多会被明亮或者运动的物体所吸引。

人类生来便对动的事物有着无法遏制的强烈渴望，而这种天性在尚未经事的孩子身上表现得更加明显。孩子追求新事物，就是通过看会动的事物来激起自己的好奇心，而好奇心又会激发孩子去自己探索。另外，孩子也喜欢自己动，他会转动自己的双眼来观察周围的一切，如果视线所及的地方无法找到令他感兴趣的东西的话，他就会尝试着转动自己的小脑袋来寻觅令他感兴趣的事物。

宝宝对于动的事物的敏感，其实也来自原始的遗传。当我们出门时，我们总是容易被突然飞起的鸟儿吸引，如果角落里发出响声，我们也会习惯性地寻找声音的源头。对原始的人类来说，会动的事物意味着更美味的食物，同时也意味着潜在的危险。因为对人类的生存有利，所以这种功能在人类进化过程中被保留了下来。

打从娘胎起，宝宝便对运动有着强烈的欲望。喜欢会动的事物，喜欢自己动，这对于激发和满足孩子的好奇心具有很大的作用。换句话说，对于这个年纪的孩子来说，如果周围没有能够吸引他的会动的事物，或者他自己的活动受到限制的话，他就会觉得无聊，并向我们发出讯号，比如大哭或者身体来回扭动。

如果我们忽略了宝宝的这种讯号，久而久之，孩子就会对周围不再好奇，变得对周围的一切都漠不关心。

因此，妈妈们要满足宝宝们对“动”的需求，一方面要让他自己多活动；另一方面也要在他的视线范围内放置一些活动的玩具装置，例如可以在宝宝床前悬挂一些能够自由转动的小玩具，让孩子的视线随之不停地移动。

知识聚焦

宝宝喜欢运动的事物，这来自一种原始的遗传，能够激起宝宝探索世界的好奇心。所以，妈妈们应该满足宝宝对“动”的需求，让宝宝多活动，也可以在宝宝视线范围内放置一些活动的玩具装置。

宝宝的疲惫信号

良好的休息对于人的身体健康至关重要，而对于年幼的宝宝来说,休息就意味着健康地发育。由于宝宝的身体各部分还未发育完全，因而他需要很多的能量来完成身体的发育。而宝宝的消化系统也还不完善，为发育所提供的能量较少，所以宝宝们大多数时间是用来睡眠休息的。因此，及时让宝宝休息是妈妈的一大要事，而这一切的关键就是妈妈要看出宝宝的疲惫信号。

也许刚刚和爸爸妈妈进行了令人兴奋的游戏，小脸蛋还是红扑扑的，但我们的宝宝已经开始感到疲惫了。于是，宝宝的眼神开始闪躲，甚至干脆把头转开，将和爸爸妈妈的眼神交流中断，把注意力重新转移到自己身上，也许宝宝还会轻轻地抚摸自己的身体让自己安静下来，这一切都是宝宝在告诉爸爸妈妈：我已经累了，要休息喽。

倘若爸爸妈妈此时正与宝宝玩得起劲，仍旧像原来一样继续哄逗宝宝的话，宝宝就会觉得自己的想法没有得到理解，或者由于自身的疲劳和饥饿而放声大哭。

所以，爸爸妈妈一定要准确接收宝宝所发出的疲惫信号。当爸爸妈妈发觉宝宝已经疲惫时，一定要及时让宝宝休息。妈妈可以轻拍宝宝的身体，帮助宝宝放松紧张的身体，同时尽量减少周围的噪声，尽可能快地帮助宝宝进入休息状态。

除此之外，了解宝宝的作息时间也是很有必要的。每个阶段的孩子都有自己所需要的睡眠时间。例如，新生儿大部分时间都在睡觉，每天需要 18~22 小时的睡眠。2~5 个月的宝宝需要 15~18 小时的睡眠时间。6~12 个月的宝宝需要 14~16 小时的睡眠时间。随着孩子的成长，活动量也逐渐增大，因而每天消耗的能量也逐渐增多，所以，从 4 个月起，宝宝每天最好进行 1~2 小时的午睡，以恢复精力。

另外，还有一些信号说明孩子正处于疲惫状态。如果孩子在玩耍时突然变得坐立不安、东张西望，手里拿着玩具也提不起兴趣，就说明孩子感到疲惫了，需要休息。当宝宝突然间哭闹不止，而且怎么哄也不行，要不就是板着小脸，谁都不搭理，甚至大发脾气，乱扔东西，这时宝宝也很有可能正处于疲惫状态。当然，如果孩子一个劲儿地打哈欠，甚至自己玩着玩着就睡着了，那么很明显是孩子累了。

睡眠对于宝宝来说非常重要，不仅对孩子的身体成长有利，同时也有利于孩子的智力发展。所以，如果爸爸妈妈希望宝宝的身心健康发展，就一定要读懂宝宝的疲惫信号，适时适量地让宝宝休息。

另外，妈妈们还可以通过按摩来缓解宝宝的疲惫。例如，可以用手指在孩子的太阳穴轻轻按摩，用双手在宝宝头部轻抓几下，这样也可以减少孩子的疲惫。

知识聚焦

如果宝宝在玩耍中突然变得没有兴趣，或是坐立不安、东张西望，或是开始发脾气、扔东西，说明他很有可能感到疲惫了。这时，爸爸妈妈应该停止游戏，尽快让宝宝休息。睡眠对宝宝很重要，爸爸妈妈要注意保证宝宝有足够的睡眠时间。

宝宝的秩序感要从小培养

秩序能够使生活有条不紊，拥有秩序的生活总是令人感到从容镇定。但你可曾想过，宝宝也会组织秩序？

其实，孩子用哭声来寻求帮助，就是他会组织秩序的表现。例如，当小宝宝饿时，他需要告诉妈妈自己饿了，希望吃东西。于是宝宝放声大哭，这时妈妈听到孩子的哭声，并结合时间得知孩子到了吃饭的时间，便准备给孩子喂奶。而当妈妈抱起宝宝准备喂奶时，宝宝意识到妈妈即将喂奶了，就停止了哭泣。

从这个过程中我们不难看出，孩子已经通过经验，学会了组织自己喝奶的秩序：首先是哭；之后是哭声中短暂的等待；妈妈到来后，喂食即将开始，哭声随之结束，最后开始吃奶，整个过程很有秩序。

随着宝宝进一步长大，这种秩序感会更加明显。例如到宝宝三四岁时，我们会发现，孩子每天晚上只有在听完妈妈讲的故事，妈妈将他非常喜爱的毛绒玩具熊放到他枕边后，他才会闭上眼睛准备进入梦乡。而这些表现其实就是孩子的秩序感，或者说孩子在自己组织秩序。

吃奶是一个有组织、有秩序的活动。

著名的教育家蒙台梭利女士认为，秩序感对儿童的发展很重要。秩序能够提高我们生活的质量，对于孩子也一样。

研究表明，儿童对于秩序有着强烈的需求。儿童具有两种秩序感，一种是来自外部的，这种秩序感与孩子从周围环境中获得的体验有关。另一种是内部的秩序感，当孩子从环境中学会建立内在秩序时，孩子的智能也随之逐步建构起来。

例如，孩子能够认识到物品应该放在不同的位置，并且在头脑中记住每样东西具体放在哪里。如果孩子能够做到这些的话，那就说明孩子已经形成了良好的秩序感。而一个人形成了良好的秩序感，就意味着他能够适应周围的环境，能够在生活中占据支配地位。那我们究竟该如何培养孩子的秩序感呢?

孩子天生就有一种对秩序的敏感，我们只需要为孩子提供一个可以借鉴的环境，就可以看到孩子的秩序感在自发地形成。

我们常说，父母是孩子最好的老师，首先我们应该做的就是在潜移默化中影响孩子。例如，将家里收拾得整齐有序、东西尽量放在固定的位置、做事情尽量按条理进行等。爸爸妈妈只需要将这种秩序维持到底即可，无须多言，孩子便会悄悄看出其中的秩序，并将这种秩序记在心里。

孩子稍大一些后，便可以让他参与家庭秩序的构建。应该让孩子知道家庭中的常用物品具体放置在哪里，尤其是属于他自己的物品。应尽量让孩子自己放置和整理物品，这样能让孩子感受到来自家里的秩序感。

在不违背基本原则的条件下，可以允许孩子自由做一些生活上的事情，例如自己吃饭、自己穿脱衣服、自己洗漱、自己整理房间等。

另外，我们还需要为孩子建立一些有规律的制度，如作息制度等。这不仅有利于孩子的身体发育，也会对孩子的秩序感产生良好的影响。当然，这些制度也可以和孩子一起制定，这样他们会更乐于遵守。

此外，还有一些要注意的事项，例如我们在为孩子做示范时，步骤一定要清晰，动作要尽量放慢。同时，我们还要为孩子提供专门的用品和工具，以保证孩子能够顺利地模仿爸爸妈妈的动作。

知识聚焦

秩序感能帮助宝宝适应周围的环境，让他们在生活中占据支配地位。想要培养宝宝的秩序感，父母们首先需要以身作则，在潜移默化中影响他们。等宝宝稍大一些，就可以让他们参与家庭秩序的建构，并帮助他们建立自己的秩序。

宝宝自信心的培养

自信心对于每一个人来说都具有非常重要的意义。从某种程度上说，自信心是支撑我们从困境中跋涉出来的救命稻草，自信心给予我们无往不胜的勇气。对宝宝自信心的培养，几乎是所有妈妈共同关注的话题。那么，我们就来看一看怎样培养孩子的自信心。

- 首先，孩子与妈妈互相模仿对方的动作，能够培养孩子的自信心。

  我们经常看到这样的情景：小宝宝和妈妈做游戏时，宝宝对妈妈做一个鬼脸，如果妈妈这时也模仿宝宝的动作做个鬼脸，宝宝就会非常高兴，发出一连串笑声。

  又如，小宝宝在做游戏时将玩具递给妈妈，妈妈又用相同的动作将玩具递给宝宝。这时，从妈妈手中接过玩具的宝宝同样是一副极为高兴的样子，双手拿着玩具上下挥舞，甚至整个身子都跟着一起手舞足蹈。

  宝宝的喜悦我们一眼便看得出，而宝宝为什么能从这种简单的模

仿游戏中得到这么大的快乐呢？

原因就在于妈妈对宝宝动作的模仿，让孩子感觉到自己的主导地位，进而感觉到自我的存在。国庆阅兵时，走在前面的带队的士兵总是会感觉更加自豪，孩子也有同感：妈妈学我的动作，我可以左右妈妈。在这个互动中，孩子体会到了自己的价值，而这种感受便是自信心生长的土壤。

- 其次，孩子的自信心取决于和外部世界沟通的成功与否。

所谓的“沟通成功”，其实就是指孩子发出的讯号能够被爸爸妈妈及时接收并得到积极的回应。无论是不谙世事的孩子，还是已经懂得许多的成人，都有自己的感受和需要。当自己的感受和需要获得了满足，人们就会觉得自己很有成就感；而如果自己的需求得不到满足，人们就会对自己产生否定和怀疑。在这一点上，孩子也一样。

例如，妈妈在喂宝宝奶，过了一会儿，宝宝吃饱了，于是抬起小脚示意自己已经喝饱了，不想再喝了。可是妈妈并没有理解孩子的意思，仍然继续喂奶。于是，宝宝开始把自己的小手放到妈妈手上，试图将妈妈的手推开。可是因为宝宝的力气太小，动作也不熟练，所以根本无法推开妈妈的手。结果是，宝宝再也无法咽下嘴里的奶水，甚至会被奶水呛得直咳嗽。

这就是一个孩子与妈妈沟通失败的例子。而这种沟通失败，会让孩子对自己产生怀疑和否定。如果这种情形重复多次的话，孩子的自信心就可能会受到很大的打击，这对孩子未来的成长是非常不利的。

- 最后，要让孩子看到自己的能力，并看到自己的能力在不断地提高。自信心终究不是空中楼阁，能力才是自信的根本所在。妈妈在和孩子玩玩具、做游戏时，要多发现孩子的进步。

  例如，当孩子学会爬行时，可以引导他在床上爬行一段距离，当他到达目的地时，再对他加以表扬和鼓励。虽然孩子听不懂话语的意思，但能从你的表情和语气中明白你的肯定和鼓励。

  自信心对宝宝的成长有着非常重要的作用，所以妈妈一定要注意在生活中培养宝宝的自信心。只有这样，孩子长大后才会成为一个充满自信的人。

知识聚焦

培养宝宝的自信心，可以从以下几个方面着手。首先，可以让宝宝与妈妈互相模仿对方的动作。其次，要让宝宝与外界顺利沟通。最后，要让宝宝看到自己的能力，并让他看到自己的能力在不断提高。

第三章　妈妈爱我吧

妈妈的爱是宝宝最大的期盼，宝宝的每一个动作都是对爱的呼唤。发现宝宝的期盼，理解宝宝的期盼，回应宝宝的期盼，你与宝宝的心就会更近一步。

宝宝了不起的抬头

抬头动作是宝宝发育过程中的一个很重要的动作。对于宝宝而言，在整个身体中，脑袋是一个稍显庞大的部位，而连接这一部位的却是一个细细的小脖子。所以，对于小宝宝来说，把头抬起来是一个非常具有挑战性的任务，是成长过程中非常重要的一环。

当我们的小宝宝将脑袋抬起来时，是在向爸爸妈妈传递着怎样的信息呢？宝宝三个月的时候基本上已经学会翻身了，而当他从仰卧翻身成俯卧姿势之后，会试着将头向上抬起。这时，宝宝眼前的景象与原来仰卧时完全不同了，原来受到阻碍的视线可以在抬头后自由地移动。新鲜的视觉刺激给宝宝带来了从未有过的兴奋，宝宝的好奇心也进一步被激发。所以，当宝宝学习抬头时，其实是在告诉你：妈妈，我的好奇心已经很强烈喽，我想学习新东西，想见见世面。另外，宝宝的这一举动也是在向我们传递着这样的信息：妈妈，我的颈部肌肉在发育哦。

在这里，我们还会发现一个现象，那就是宝宝总是先学会在俯卧

时抬头，之后一段时间才会在仰卧时把头逐渐抬起。看到这种现象，妈妈们不用担心，这不是什么反常的情况。因为颈部肌肉的发育分为颈前肌的发育和颈后肌的发育。而婴儿在发育时，颈后肌的发育总是早于颈前肌。因此宝宝总是先学会俯卧时抬头，之后才会在仰卧时抬头。

当然，世上任何一件事情都不是一蹴而就的。所以宝宝从有抬头的意向到真正意义上完成这一动作，也是需要一定的时间和过程的。宝宝在出生不久后，就可以在俯卧时将头抬起，但是持续的时间并不长，而且勉强支撑起来的小脑袋明显不稳当。两个月之后，宝宝便可以稍微把头连同胸部一起抬起，但仍旧不能实现仰卧时的抬头。而当宝宝长到三个月的时候，抬头动作就能够很稳定了，头部还可以灵活地左右转动。而且随着肌肉的发育，宝宝上肢力量在增强，逐渐可以支撑自己的下身离开床面了。但是当宝宝仰卧时，如果我们用双手拉他的双手，宝宝的头仍然会出现轻微的向后仰的状况。再经过一个月左右的时间，宝宝的抬头动作就可以说做得炉火纯青了。这时宝宝可以前后左右任意移动头部，仰卧时拉起他来，他的头部也不会再向后仰。

宝宝抬头动作的顺利完成是宝宝发育水平正常的标准之一。倘若四个月左右的宝宝仍旧不能做抬头动作，甚至在仰卧时双手拉起他，其头部仍旧表现出无力地后仰，那很可能是因为宝宝的大脑受到了什么损伤，导致发育滞后甚至停滞。如果出现这样的情况，爸爸妈妈一定要尽快带宝宝就医。

虽然我们无法参与宝宝的发育过程，但是这并不意味着我们只能在宝宝发育时袖手旁观。因为宝宝毕竟还是一个没有发育完全的个体，如果我们进行恰当的协助，就可以使宝宝的动作更加完美，学会动作的时间更短。

那么应该如何训练宝宝抬头呢？最简单、最好的方法就是让宝宝趴着。因为当宝宝趴着的时候，他就会条件反射似的全身使劲儿抬头。当宝宝趴着的时候，妈妈们可以拿着色彩明亮的玩具在他的脑袋上方逗引他，也可以通过摇动玩具制造出声响，或者直接用语言鼓励宝宝，吸引宝宝的注意力，使他将自己的头尽量往上抬。

需要注意的是，趴着的姿势虽然能够训练宝宝抬头的能力，但是我们一定要注意宝宝趴的时长和对时机的把握。因为这个姿势非常容易使人疲劳，而对于尚没有多少体力的宝宝而言，他就更加容易产生疲劳感。一旦宝宝感到疲劳，妈妈又没有及时帮助宝宝变换姿势，就会导致宝宝的肌肉受伤，让宝宝对这个动作产生厌恶心理，拒绝再次做这个动作。这时妈妈可以通过抚摸宝宝的背部等地方，帮助宝宝放松肌肉，缓解疲劳。

另外，时机也非常重要。因为趴着的时候，身体的重量全部压在了腹部、胸部，所以宝宝刚吃完奶时不宜进行这种训练，以防吐奶。抬头是宝宝成长过程中一个非常重要的动作，妈妈们一定不要忽视宝宝的抬头。

知识聚焦

抬头是宝宝成长过程中一个非常重要的动作。婴儿在发育时，颈后肌的发育总是早于颈前肌，因而宝宝就会先学会俯卧时抬头，之后才会学会在仰卧时抬头。如果让宝宝趴着，他们就会自然地努力抬头，因此爸爸妈妈可以让宝宝趴着来帮助宝宝抬头。

宝宝的翻身革命

宝宝长到三个月大的时候就该学习翻身了，老话“三翻六坐八爬”说的就是这个。宝宝翻身看似是一个非常简单的动作，但其实是值得爸爸妈妈高兴的一件大事。当宝宝学着翻身时，实际上宝宝是在告诉你们：爸爸妈妈，我有运动能力喽！我可是一个健康壮实的小宝宝哦。

仰卧在床上的宝宝到了两三个月的时候，就开始不安分了。他不再满足于仰面朝天的生活，因为目力所及早已无法满足他内心的好奇。视野亟待开阔的他开始尝试着改变自己的处境，翻身的革命就此拉开序幕。他那还无法灵活控制的四肢开始试着向一个方向翻去，但又总是翻不过去。他总是试着将脚向上抬起，或者抬起小脚晃来晃去。

当宝宝做出这样的动作时，就说明宝宝已经有了翻身的欲望，并已经开始尝试自己翻身。宝宝一开始只是试着上身用力，因而只能将头部和上身翻过去，下肢基本上保持不变。经过一段时间的练习，

宝宝到了五个月左右的时候，翻身动作基本上就已经做得很熟练了，能够实现由仰卧到俯卧的跨越，不过还有可能翻得过来却翻不回去。

不过别急，再等一个月左右，宝宝便可以尽情地翻滚了。

当宝宝翻身之后，头部和眼睛便得到了解放，一幅崭新的画面出现在了他眼前。这标志着宝宝一个新的成长阶段的开始。宝宝突然发现，身体姿势的一个小小的变化，居然能给自己带来如此之大的改变。由此，宝宝便开始了对复杂的肢体动作的探索，直至学会运用肢体行为来表达自己的想法。

世界上找不到两片完全相同的树叶。每个宝宝由于自身原因以及生活环境等的差异，总会在发育时间上有所差别。所以，不同宝宝学会翻身所花费的时间也不尽相同。如果宝宝在翻身这件事上有什么时间上的差异，出入只要不是特别大，妈妈就不必过于紧张。但是，如果宝宝到了五六个月的时候仍旧不能自己翻身，妈妈们就要提高警惕了。一般而言，导致宝宝翻身受阻的原因可能有以下几种。

- 第一种可能是宝宝被妈妈养育得太好了，身体的脂肪太多了，变成了胖胖的“小猪”，所以宝宝在翻身的时候负荷太重，根本无法凭借一己之力翻动身体。这时就需要妈妈从旁协助了。妈妈要在平时多多帮助宝宝做翻身训练。
- 第二种原因可能是宝宝自身身体素质有问题，没有力气翻动自己的身体。由于有些妈妈无法进行母乳喂养，或者在喂养时不大科学，因而导致宝宝营养不足、身体瘦弱、肌肉不发达，所以根本没有力气。这样的宝宝需要妈妈进行科学喂养，补充缺乏的营养物质，使身体健壮起来。在此基础之上，还应该多让宝宝活动，以锻炼骨骼和肌肉。
- 第三种可能是妈妈给宝宝穿的衣服太多或者太紧，使宝宝想动也动弹不得。这时妈妈们就要注意给宝宝穿一些宽松舒适的衣服，以免影响宝宝的正常活动。
- 最后还有一种原因，那就是宝宝可能在运动机能和智力发育方面存在着某些问题。这时妈妈一定要及时带宝宝到医院进行检查和治疗。

宝宝翻身其实是一场成长路上的小革命，是宝宝向这个世界发出的具有里程碑意义的信号。自此以后，宝宝颠覆了自己仰卧时的视野，开始了全面认知世界的过程，丰富多彩的世界开始在宝宝面前展开。由此可见，宝宝小小的翻身确实可以称得上是宝宝的一次革命，是属于宝宝的一篇行动上的独立宣言。

知识聚焦

宝宝的翻身是成长路上的一场小革命。自此以后，宝宝颠覆了自己仰卧时的视野，开始了全面认知世界的过程。宝宝的翻身有早有晚，但如果宝宝到五六个月大时还不能自己翻身，就需要妈妈查找原因了。

宝宝伟大的爬行

人类在进化过程中有一点是不容小觑的，那就是由爬行到直立行走。直立行走解放了人类的双手，使人类的视野更加开阔，头脑更加发达，于是便有了后来的人类文明。而对于宝宝来说，爬行是学习行走的前提。

宝宝长到大概七个月的时候，便开始懂得通过腹部的蠕动和四肢不规律的滑动来移动，这是宝宝开始学习爬行的前兆。到了八个月的时候，宝宝便开始用四肢爬行，先用手和膝盖爬，然后改用手和脚爬。当宝宝尝试着爬行的时候，便说明他身体的协调能力在不断地提高，这是宝宝在向父母报喜：爸爸妈妈，我又长大了。

当宝宝爬行时，头和颈会抬起，胸腹离地，四肢支撑起身体的重量。这样一来，宝宝四肢和胸腹背的肌肉就得到了锻炼，并随着时间的推移逐渐发达起来，这就为宝宝之后的站立和行走打下了基础。

当宝宝学会爬行后，他的视野扩大了，自己能够到的地方也增多了，于是来自视觉、触觉、听觉、嗅觉的刺激也随之增多了，这对

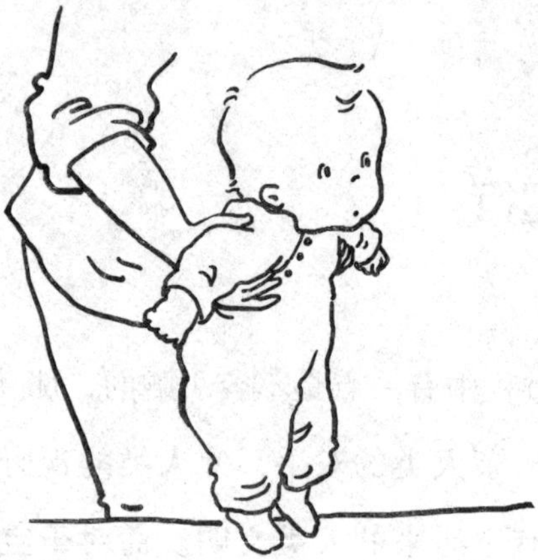

我并不想那么早学走路呀！

宝宝的大脑发育和智力开发有非常重要的意义。

除此之外，爬行还可以促进宝宝的新陈代谢。宝宝学会爬行后，在运动时就不再是只移动上肢或者下肢，而是全身总动员，这样宝宝的能量消耗就会增大。而为了补充这种消耗，宝宝就会增加食量。另外，由于活动量大了，所以宝宝就会睡得很香。而在睡眠中宝宝就会加快新陈代谢，身体也就会长得更快。

在人们的观念中，爬行好像总是低人一等的样子。所以大多数家长不愿让自己的宝宝总是爬，而是希望他越早学习走路越好。其实这种观念是错误的。爬行是行走的前提，因为人类的行走需要全身的协调以及一定的肌肉强度，而这些都需要宝宝在爬行的过程中积累。所以，那些忽视宝宝爬行，甚至想直接就让宝宝行走的家长都大错特错了。

在锻炼宝宝爬行能力的过程中，应以宝宝为主，家长进行辅助性工作。例如，在宝宝学习爬行时，家长可以帮助宝宝将头部和颈部抬起。每天进行爬行训练，不仅可以使宝宝四肢的肌肉得到锻炼，而且可以提高宝宝四肢活动的灵活性和协调性，促进宝宝的视觉、听觉，以及平衡感和空间感的发展，促进身体的进一步协调。

看似简单的爬行动作，需要大脑和小脑之间的密切配合才能顺利完成，因此爬行能够丰富宝宝大小脑之间的神经联系，促进宝宝脑部的发育。爬行动作由最初的爬行反射，经过抬头、翻身、打滚、匍匐等中间环节，最终发展成真正的爬行。这个过程需要经历多次学习和实践，而每一次学习和实践又是对大脑的调动和激发。

因此，宝宝学习爬行实际上是对脑神经系统功能的强化练习，对大脑发育具有不可替代的特殊作用。所以，妈妈一定要注意培养宝宝的爬行能力。

同样，每个宝宝的身体发育以及一些机能的施展在时间和程度上都会有所不同，所以宝宝学习爬行的时间略早或略晚都是正常的。

不过，如果宝宝长到 1 岁左右的时候仍旧对爬行没有兴趣，那就需要及时到医院检查了。

知识聚焦

许多家长不愿让宝宝总是爬行，而是觉得他越早学习走路越好，其实这是一种错误的观念。爬行能够锻炼宝宝四肢的肌肉和全身的协调能力，促进脑部相关区域的发育，是走路之前必不可少的准备。所以，妈妈一定要注意培养宝宝的爬行能力。

宝宝的表情会说话

心理学家经过研究发现，对于一场完整的交流而言，肢体动作和面部表情的作用占 70%，而语言的作用只占 30%。宝宝在学会讲话前，需要用面部表情和四肢动作来表达自己的情感。那么，宝宝究竟怎样通过表情来表达意愿呢？

当宝宝愉悦时，我们会看到宝宝眼睛放着光，咧着小嘴朝我们笑。这时，我们便知道宝宝现在很愉悦，状态很好。当人类感到开心的时候，大脑会传送给神经相应指令，接收到指令的神经就会活跃起来。紧接着，神经会拉动肌肉，导致肌肉收缩。肌肉紧缩会导致人类肺部的空气排出，而嘴就成为一个非常好的排气的地方。所以，当人们高兴时就会咧着嘴笑，以此将肺部的气体排出。有的人笑的时间过长会感觉自己的肚子疼,这是因为气体排出得过多导致了缺氧。所以，小宝宝出生后开始用肺呼吸，他第一声咧着嘴的大声啼哭其实就是在完成空气的排出。

我们会发现，宝宝在将要哭的时候，往往会瘪嘴。当我们发现宝宝有这样的表现时，那就意味着宝宝在说:妈妈，我不满意喽！所以，爸爸妈妈要及时发现到底自己哪里没有做好，没有满足宝宝的需求。例如，宝宝是不是饿了，需要喂奶；宝宝是不是闷了，需要爸爸妈妈陪他玩耍。及时发现，及时满足宝宝，以免让小宝宝生气，招来宝宝的大哭。

另外，宝宝还会通过面部表情来表达自己的排泄意愿。通常情况下，当男宝宝想要小便时，就会噘起小嘴。而女宝宝想要小便时，多数就会咧着嘴或者上嘴唇紧含下嘴唇。接收到这些信号后，爸爸妈妈应该及时反应，立即解决宝宝的便急，使宝宝恢复到舒服的感觉中。

当宝宝脸蛋红红、眉筋暴起时，请注意，这时的宝宝不是在发怒，也不是像大人一样在为什么事情着急上火，而是在告诉我们他要大便。爸爸妈妈需要马上解决宝宝的内急，同时检查尿布的情况，避免宝宝弄脏衣服、被褥。

还有一种我们经常会看到的情景，就是怀里的宝宝总是口水直流，小嘴唇总是被口水泡着，或者小嘴巴不停地吐着泡沫。很多妈妈以为这是孩子开始邋遢的表现，实际上这是宝宝在告诉爸爸妈妈：我可以吃淀粉了,不再只是个吃奶的娃娃了。当宝宝四个月大的时候，他的唾液腺的分泌量开始增加。这么多的口水充溢在嘴巴里，就给了宝宝吐泡泡的机会，同时也难免一不小心就流出来。这些唾液里含有一定量的淀粉消化酶，能够起到消化淀粉的作用，所以这时可以适当给宝宝吃一些米粥之类的流食了，以补充宝宝的体力，使宝宝更加健康。

宝宝的表情所传达的意愿实际上是非常丰富的，妈妈要想在第一时间就明白宝宝所要表达的意思，需要全身心的投入和细心的观察。妈妈们应该仔细体会宝宝各种表情的差异，并在弄清宝宝的意思之后，做出快速准确的回应。要知道，妈妈对宝宝所发讯号的回应程度，直接关系到妈妈在宝宝心里的地位和宝宝人际交往能力的培养，以及性格的形成。但是，这并不是说妈妈就只需要与宝宝进行肢体行为的沟通。我们知道，6 岁之前是孩子口语发展的敏感期，所以在这一时期也不能忽视宝宝口语的发展。妈妈一定要处理好二者之间的关系，在对宝宝的肢体语言进行解读的同时，也用口语与孩子进行交流，为将来宝宝学习口语打下良好的基础。

总之，在宝宝不具备语言能力时，观察他的表情和动作才能够获得有效的信息。所以妈妈在照顾宝宝的过程中一定要多多观察宝宝，多多积累宝宝相关表情所表达的具体意思的经验，并做出积极回应。相信在妈妈爱的包围下，宝宝一定会健康快乐地成长。

知识聚焦

在具备语言能力之前，宝宝的表情能够提供许多重要的信息。如果想在第一时间明白宝宝所要表达的意思，妈妈们就需要全心投入、细心观察。妈妈们应该仔细体会宝宝各种表情的差异，并在弄清宝宝的意思之后，做出快速、准确的回应。

宝宝的互动祈盼

一个在我们看来很平常的举动，孩子却要经历一个学习的过程才能掌握。我送一朵花给你，你便会回赠我一件东西，这是成人间很平常的礼尚往来。但在最初阶段，孩子却要经过学习才能明白什么是相互给予。

要吃午饭了，妈妈把汤勺递到了宝宝跟前，宝宝抬起可爱的小脑袋，用明亮的眼睛看了看妈妈，露出一副很不知所以然的样子。妈妈再次在宝宝眼前晃了晃汤勺，示意宝宝注意手上的这个小东西。宝宝睁大眼睛看着汤勺，用小手接过勺子。然而，妈妈又想到勺子可能有些太大了，于是又走到孩子身边，向孩子伸出手示意要回汤勺。孩子显然还未从刚才的情境中回过神来，面对妈妈的再次到来，很明显有点惊讶，睁大眼睛看着妈妈的脸，仿佛在说：妈妈你怎么又来啦？有什么事吗？而突然孩子又仿佛明白了什么，低下头看了看手上拿着的汤勺，又抬头看了看妈妈，最后将拿着汤勺的手伸向了妈妈。整个动作非常缓慢，夹杂着宝宝满脸的不解和疑问。孩子的这些动

作究竟在向我们传达什么呢？在孩子尚待开发的大脑里，“接受”和“给予”的概念对于他来说是很陌生的。从宝宝惊讶的目光中我们不难看出孩子的陌生感，但孩子还是能够接受，并且在妈妈不经意的举动中学会了相互给予。然而，这是一个需要不断重复的过程，如果只有一次的话，孩子不可能在头脑中留下印象，更不可能学会这种接受和给予的过程。

为什么孩子要学会这种接受和给予呢？因为这是人与人之间最基本的关系之一，对孩子以后融入社会具有非常重要的意义。

这个过程让孩子第一次感受到了自己角色的变化。在孩子幼小的心灵中，他体会到自己既可以是接受者，也可以是给予者。一人可以同时扮演不同的角色，这是孩子以前从未想过的，可以让孩子进一步加深自我认识，体验一种新的感觉。

究竟我们怎么和宝宝互动呢？和孩子互动的最好的方法就是和

孩子进行游戏。例如，我们可以和孩子进行嘴部的模仿游戏。宝宝一出生便已经会吸吮了，也就是说，对于宝宝来说，嘴是最为灵活的部位。妈妈可以和宝宝面对面，做张嘴、伸舌头的动作，这样会刺激宝宝学习模仿，对提高其模仿能力非常有用。此外，妈妈也可以经常挠一挠宝宝的身体，或是抚摸宝宝的身体，同时用自己兴奋的情绪去感染宝宝,最终达到把宝宝逗笑的目的。要提醒爸爸妈妈们注意的是,在与孩子互动时，一定要注意自己的角色，将自己当成孩子来与宝宝进行交流。这样才能拉近孩子与自己的距离，达到互动的目的。

当然，在日常生活中也有很多和宝宝进行互动的方式。比如，每次当宝宝睡醒了睁开眼睛的时候，爸爸妈妈可以和宝宝进行温柔的交谈，刺激宝宝学说话。另外也可以用玩具逗宝宝，引导宝宝用手去抓或是用脚去踢。当宝宝发出声音时，爸爸妈妈要及时给予回应。总之，妈妈要注意宝宝的互动祈盼，并多和宝宝进行互动活动。

知识聚焦

接受和给予是人与人之间最基本的互动之一。妈妈与宝宝进行接受和给予等互动活动，能让宝宝体会到自己的角色变化，加深宝宝的自我认识，对宝宝以后的成长有重要的意义。

宝宝需要你的正面接触

正在专心照顾宝宝的妈妈，也许突然间会被什么事情转移了注意力，例如接个电话、和旁人聊会儿天等。此时，正沉浸在愉快气氛中的宝宝也许马上会变脸，天真可爱的笑脸没了，转而大声哭闹，或者把脸扭向一边，以此来表达自己对妈妈的不满。而面对如此急剧的变化，妈妈们可能一头雾水：究竟自己怎么惹到宝宝了呢?

原来，这一切都是源于妈妈对宝宝的“不重视”。说到这，妈妈们肯定觉得被冤枉了——什么嘛，自己的宝贝怎么会不重视呢？别急，妈妈们眼中的“重视”，常常体现在对宝宝衣食住行的体贴和无微不至，却往往忽略了宝宝精神层面的需求。虽然宝宝的年龄很小，但是作为人类这种高级动物，情感需求是与生俱来的。孩子们没有成人那样丰富复杂的内心，可是这种本能是不会消失的。例如，如果被人当众大声训斥，成人的反应是尊严受到了伤害，心里难以接受，从而导致情绪低落。而当宝宝面对这种情况时，他会感到周围安静的环境瞬间被打破，这会导致他丧失安全感，因而出现情绪反应，放声大哭，寻求帮助。也就是说，在宝宝的世界里，成人那样的情感问题也同样存在着。只不过成人世界的情感更加复杂，而在宝宝那里则相对单纯许多。

话说到这里，我们可以回到前面所举的例子，宝宝之所以大叫或者转头，原因就是我们刚刚所说的“自尊心受到了伤害”。有句话是这样说的：孩子就是父母的一面镜子。意思是说，父母的某些特点在很大程度上都能从孩子身上反映出来。而作为一面“镜子”，孩子肯定对父母的举止有很敏感清晰的反应。也就是说，父母行为的任何一点变化在看似懵懂的宝宝那里都会暴露无遗。所以，爸爸妈妈偶尔的“开溜”便会招来宝宝的抗议、啼哭，甚至“冷战”。

究竟如何做才能照顾到宝宝的精神世界，不让他们幼小的心灵受到伤害呢？答案其实很简单，多与宝宝正面接触即可。在照顾宝宝的日子里，妈妈往往肩负着重担，于是就经常会发生一边照顾宝宝一边忙于家务的情况。而与宝宝正面接触的缺失往往就发生在这个时候。例如，妈妈正在哄着宝宝，宝宝也被妈妈逗得十分开心，不巧的是此时厨房的水开了。妈妈可能马上去忙着端开水，而消失在宝宝愉快的世界中。此时宝宝的情绪一下子降到了谷底："妈妈不理我了，妈妈怎么扔下我了……"于是心神不宁的宝宝马上通过哭喊、尖叫等引起妈妈的注意，呼唤妈妈爱的归来。其实，这种情况下，妈妈只要保持在宝宝视线范围内活动，并尽量用正面对着宝宝，同时与宝宝保持眼神交流，宝宝就会安静许多。所以，妈妈在与宝宝互动时一定要以正面对着宝宝，让眼睛与宝宝的眼睛互视，通过眼神的交流来安抚宝宝。

知识聚焦

宝宝对爸爸妈妈的行为非常敏感，任何变化宝宝都会感知到。而爸爸妈妈转身关注别的事物，在宝宝看来就是冷落他了。所以父母在与宝宝相处时，应尽量保持在宝宝视线范围内活动，并尽量用正面对着宝宝，同时与宝宝保持眼神交流。

宝宝的“妈妈恐惧症”

看到这个标题，许多妈妈或许会感到很诧异。对于宝宝而言，妈妈可以说是世界上最亲密的人了，为什么付出最多、对宝宝最无微不至的妈妈会带给宝宝恐惧呢？妈妈们别着急，且听我细细说来。

不知道妈妈们有没有遇到过这样的情形：自己每天都为宝宝换着尿布和衣服，不觉得有任何不妥。可是在某一天，当自己走近宝宝时，迎来的并不是宝宝期盼的眼神，而是号啕大哭。

这究竟是怎么回事呢？此时最着急的应该还是妈妈。妈妈觉得自己只是像平时一样，在做完家务后为宝宝换尿布，可不知道宝宝为什么突然对自己恐惧起来。其实，妈妈们很难想到，这很可能是因为自己的手太凉，使宝宝受到了刺激。在妈妈冰凉的手指接触到宝宝皮肤的一瞬间，宝宝习惯的体温突然间被打破，他便会感觉受到了巨大的威胁。于是，他下意识地发出了不安的讯号，开始强有力地啼哭。

当然，冰冻三尺，非一日之寒。如果妈妈一靠近，宝宝就开始啼哭，那绝对不是一两天的事情。宝宝生命初期在妈妈的腹中生活，

而妈妈的温度和律动等都是有规律的。长此以往，对于宝宝来说，这种规律所形成的特定循环是一种安全的讯号。宝宝对这些特定规律的变化很敏感，也就是说一有刺激，宝宝就会察觉到。但是，这并不意味着宝宝就“碰不得”了，宝宝还是很宽宏大量的。只要不是同样的错误一再重复，宝宝习惯的特定规律是没那么容易被打破的。因此，年轻的父母大可不必为自己偶尔做错了一两次而感到惶恐。

宝宝习惯了既定的生活，某次妈妈在帮他换尿布时手凉了或者动作快了，宝宝就会产生不舒服的感觉。但是宝宝并不会因为这种偶然现象而打破自己的既定规律。也就是说，妈妈的这种疏忽还在宝宝的安全范围之内。但是，如果妈妈没有察觉到什么不妥，下次还是照旧进行，一次、两次、三次，最终宝宝会意识到既定规律不再有效，这时当妈妈再靠近的时候，宝宝就会条件反射般感到不舒服。于是，宝宝的“妈妈恐惧症”就这样产生了。

那妈妈究竟该怎么做才能避免宝宝恐惧自己呢？其实说起来也并不难，只需要妈妈足够细心就行了。在给宝宝换尿布、衣服，或者做其他触及宝宝身体的动作时，妈妈一定要注意自己手的温度，避免使宝宝感到冰凉的触碰。如果是温暖的手，那就一切正常进行；而如果手太凉了的话，就要想办法让自己的手温暖起来，例如用温水浸泡一下。除了注意手的温度外,妈妈们还要注意触碰宝宝的速度和力度。每一个宝宝都有自己所熟悉的速度和力度，妈妈们要注意按照他们习惯的方式来进行，千万不要速度过快或者用力过度，使宝宝感到不安。

知识聚焦

一些不起眼的小事可能会让宝宝产生“妈妈恐惧症”。妈妈接触宝宝时手太凉或者速度太快，会让宝宝感觉不舒服。妈妈经常如此的话，就会让宝宝形成条件反射。因此，妈妈在照顾宝宝时需要足够的耐心和细致。

宝宝的孤独感

一出生就被关注的目光包围着，尽情享受着来自亲人们的宠爱，似乎孩子是这个世界上最不应该说“孤独”二字的人了。但是事情往往不像我们想象的那样，集万千宠爱于一身的宝宝也有着我们看不见的孤单。

不知道妈妈们有没有注意到，躺在床上的宝宝如果没有处于睡眠状态，他们黑黑的眼珠就总在眼眶中来回打转，仿佛在寻觅什么。如果妈妈在身边的话，宝宝就会和妈妈的眼睛互视，仿佛在和妈妈说话。可是，如果宝宝的周围没有人陪伴，他的小脚就开始乱蹬，小脑袋也会在小枕头上来回动。时间一点一点推移，宝宝仿佛已经筋疲力尽了，眼神中没有了之前那种光芒，紧接着稚嫩的哭声就响起了。

这是被许多妈妈忽略的问题。因为每天除了吃睡拉撒，宝宝几乎没有任何其他的活动，久而久之我们就疏忽了宝宝的感觉。设想一下，一个小小的孩子在不能行走坐起时，只能平躺着面向上方，如果周围又没有人陪伴，该是多么孤寂啊！我们都知道，瘫痪的病人很容易

总是待在同一个地方，我才是孤独帝～

得抑郁症，不仅因为身体的残疾对精神的打击，也因为行动不便带来的孤独和抑郁。跳舞之所以是一种最容易调节情绪的运动，就是因为它能将我们全身都调动起来，让情绪通过肢体的运动获得宣泄。可想而知，当宝宝身在襁褓难以动弹而又无人搭理时，会是什么心情。

如果孩子长期处于这种孤独感中，会带来很严重的后果，孩子的社交能力会因此减退甚至丧失。对于宝宝而言，爸爸妈妈是自己最为亲近的人，宝宝感到孤独，在很大程度上是因为父母与之交流次数少了。通常，宝宝总是会和爸爸妈妈建立一种亲密的互动关系。而如果宝宝被孤独感所包围的话，他就会对爸爸妈妈表现得很冷淡。这样的孩子长大后往往会待人冷漠，即使对父母也会非常冷淡，丝毫没有同龄人该有的对父母的依赖。这并不是说他们的独立性强，而是即使遇到自己无法承受的事情，他们也不会去找寻帮助，只会自己发闷。

既然如此，我们究竟如何做才能使孩子不被孤独感所伤害呢？孩子虽然小，但很多情感和我们都是一样的。对于成人来说，沟通交流是医治孤独的良药，对孩子来说也是如此。对于尚在襁褓中的宝宝来说，睡眠占据了大部分时间，所以在宝宝清醒的时候，爸爸妈妈一定要多和他进行交流。不但要和宝宝进行眼神交流，也要多进行肢体接触，还要尝试进行语言交流。宝宝虽然并不一定理解你的具体意思，但肯定非常乐意与你进行这些交流。

总之，爸爸妈妈一定要注意宝宝的情绪，千万不要让宝宝自己承受冷冷的孤独。

知识聚焦

宝宝的活动能力有限，只能长期处在固定的范围内，如果经常没有人陪伴，就很容易产生不为人知的孤独感。孤独感会让宝宝与他人的交流出现障碍，不利于以后的性格发展。所以爸爸妈妈要多陪伴宝宝，不要让宝宝自己承受孤独。

眼神弥补距离感

眼睛是我们心灵的窗户，能让我们实现心与心的交流。科学数据显示，在我们眼球后方的角膜上有着1.37亿个细胞，这些细胞负责将接收到的信息传送到脑部，它们无论在什么时候都可以同时处理150万个信息。也就是说，即使是一个不经意的眼神，也能够传送出大量的信息，来表达我们丰富的感情。所以，眼神在传达我们内心活动方面有着巨大的作用。

孩子逐渐长大，总有一天会脱离父母的庇护，去独自面对风雨。孩子也许想自己去尝试一件事情，但因为习惯了父母的照顾，面对陌生的前方，他心里总不免有些恐惧。不知道妈妈们有没有注意到这种现象：很多孩子在初入幼儿园的那几天里，表现得既有些兴奋，也有些紧张。当背起书包走向校车时，他们会一边走，一边回头看爸爸妈妈，一直到坐上校车，眼神仍旧会不时地落在父母身上。

多数家长此时的心情都会很复杂，既对孩子不再那么依赖自己而感到欣慰，也非常担心孩子能否独自面对接下来的考验。那么，孩

子究竟为什么会时不时地向父母投来目光呢？

我们都知道，孩子身上有着旺盛的好奇心，他们对于新的领域充满着好奇，急切地想要探索。幼儿园对于孩子来说就是一个新的领域，宝宝渴望去探索。所以当校车到来时，宝宝会很兴奋地向校车走去。但是陌生感也会带来恐惧感，于是孩子总是回头看父母，这时父母与孩子就开始了眼神的交流。孩子通过与爸妈的眼神交流，感到“爸妈看得到我，他们在我身边，我是安全的”，孩子与父母之间的距离一下子拉近了。也就是说，眼神能够弥补亲子之间的距离感。我们不仅可以从孩子的眼神中读出孩子的心声，同时也能通过眼神来与孩子进行心理沟通，给予孩子勇气，赢得孩子的信任。

美国著名哲学家爱默生曾说过：“人的眼睛和舌头说的话是一样多的，不需要字典，却能够从眼睛的语言中了解整个世界。”可以说，眼神是一件非常重要的交流武器，甚至比语言还要重要。

所以，父母要和孩子多多进行眼神的交流，用眼神拉近彼此的距离，实现心与心的交流。

知识聚焦

眼睛是心灵的窗户，能让我们实现心与心的交流。对父母来说，不仅可以从孩子的眼神中读出孩子的心声，也能通过眼神来与孩子进行心理的沟通，给予孩子勇气，赢得孩子的信任，用眼神拉近彼此的距离。

宝宝喜欢慢动作

现代社会的快节奏不断催促着我们加快步伐。生活在这样的世界中，我们的心难免跟着一起浮躁。而妈妈们更是难免将这种快节奏带进照顾孩子的日子里，但宝宝显然对这种快节奏有点吃不消。

宝宝尿床了，妈妈急忙放下手中的工作为他换尿布，但不知怎的，宝宝显然有些不配合。他皱着自己的小眉头，甚至干脆将头转向一边，不看妈妈，好像一副很生气的样子。当妈妈要翻过宝宝的身体时，他的小身子就来回扭动，甚至用自己的小手去推妈妈的大手，小脚也不停地蹬着。

究竟为什么宝宝会显出这样的不悦呢？难道是因为尿床太久，身体不舒服吗？如果是这样的话，那宝宝不可能在得知妈妈来给自己换尿布时有那种不悦的反应。妈妈还不知道,宝宝其实是喜欢慢动作的。

对于每个人而言，接受迅速的动作都有一种被突然袭击的感觉。而这种迅速的动作会给人的情绪带来很大的影响。因为这种动作非常迅速，人的大脑没有办法提前准备，所以接受动作的刹那，脑袋一

片空白，心理上就会陷入很深的惶恐。妈妈去给宝宝换尿布时，当然是希望迅速搞定；而宝宝面对这猝不及防的动作，自然会不高兴、不配合。所以，宝宝的这些反应就好像在说：“妈妈动作太快了，让我吓了一跳，我要让妈妈知道，我不高兴了。”

除了会给人的心理带来不安和紧张外，迅速的动作还有另外一个不利于宝宝的地方。我们在跑步时，如果想要跑得比别人快，就必须使出更多的力气。换句话说，只有用更多的力量，动作才会变得迅速。所以，当妈妈迅速地为宝宝换尿布时，难免力量过大而有些无法控制。

也就是说，宝宝不仅会因为突然紧张而不高兴，也有可能是被妈妈弄疼了。

另外，父母是孩子最好的老师，孩子学习父母的方式之一就是模仿父母的动作。而由于孩子还小，许多东西对他而言都是很陌生的，所以爸爸妈妈的动作一定要清晰而缓慢，重复多次之后才能被孩子学会。也就是说，慢动作能给予孩子充足的学习空间，有利于孩子模仿。

说了这么多，妈妈们应该知道给宝宝换尿布时为什么有时宝宝表现出不高兴、不配合了吧？然而，换尿布只是照顾宝宝的过程中的一件事而已，妈妈要做的还有很多。妈妈们不仅在换尿布时要注意放慢自己的动作，在孩子面前做任何事情都应避免急躁、唐突的动作，而代之以从容和缓的动作，因为孩子无时无刻不在学习。

宝宝喜欢慢动作，妈妈们一定要记住哦！

知识聚焦

迅速的动作总给人一种被突然袭击的感觉，会给宝宝的情绪带来很大的影响。迅速的动作也需要更大的力量，因而更容易弄疼宝宝。所以，爸爸妈妈要从快节奏生活中静下心来，用从容缓慢的动作来照顾宝宝。

宝宝的自我体验

我们常说，人贵有自知之明。而人想要做到自知，就必须通过不断尝试来直观地审视自己的能力。宝宝在成长的过程中，也在不断地通过自己的体验来认知自己。

当宝宝能够自由使用自己的小手时，便会尝试用手去触摸视野内的一切事物，由此而知道冷、热、软、硬等各种触感。当宝宝尝试着下楼梯时，他无法立刻估计下一级的角度和高度。由于害怕自己会掉下去，他可能会以哭的方式来寻求大人的帮助，并停在原处等待大人的到来。当妈妈急忙赶过来的时候,孩子的脚恰好碰到了下一级台阶，于是他便停止了哭声，抬头望向妈妈，并摇摇头示意妈妈不要过来，他要自己来。这个过程实际上就是孩子在进行一种自我体验，并通过自我体验来测试自己的能力。也就是说，这是孩子对自己的一种能力评估。

那么，在孩子进行自我体验时，作为家长应该如何做呢？简单来说，就是尽量让孩子依靠自己的力量完成体验，同时在这个过程中

摔倒了我要自己爬起来!

保持密切关注，并在必要的时候提供帮助。

有一个例子常常被用来比较中国教育和西方教育的不同，那就是孩子摔倒之后父母的反应。中国父母的反应常常是立刻将孩子抱起来，并埋怨地不平或者椅子碍事，以让孩子出气。而西方父母则是鼓励孩子自己站起来，并心平气和地告诉孩子，下次应当注意，跑得慢一点。

实际上，孩子自己摔倒了，也是对生活的一种体验。倘若我们去扶起孩子，孩子就会觉得原来摔倒了只要哭便可以了。这样他就无法认识到摔倒的责任在于自己，也不会意识到自己可以站起来，更体验不到整个站起来的过程，也就很难形成不推卸责任、努力战胜困难的品质。如果我们放手让孩子自己去体验，那么孩子既可以体验到摔倒的痛苦，在心里提醒自己下次不要再摔倒了；又可以感受到自己重新站起来的喜悦，学会从困境中重新站起。当然，如果孩子确实摔得很重或是孩子特别沮丧，父母还是要及时帮忙，以免挫折太大，给孩子留下阴影。

所罗门曾说过：“耳朵是听的，眼睛是看的，两者皆易忘，只有亲身经历过的才会刻骨铭心。”对于孩子来说，每一次体验都是一次不可缺少的成长。爸爸妈妈应当让孩子适当地去进行自我体验，这些体验会让孩子更好地认识自己，更健康地成长起来。

知识聚焦

宝宝在成长的过程中，不断地通过自我体验来认知自己。在宝宝进行自我体验时，爸爸妈妈应该尽量让孩子依靠自己的力量完成体验，同时在整个过程中密切关注孩子，并在必要的时候为其提供帮助。

宝宝的节奏主宰

现代生活的快节奏就像是一条鞭子，我们总是能听见它“啪啪”作响，而脚步也就不知不觉地跟着加快。尤其是忙于工作的妈妈，每天能够用来照顾宝宝的时间很少，但妈妈这一角色又要求她把时间多给孩子一些，于是妈妈陷入了一种两难的境地。

为了平衡这两者，使工作和带孩子两不误，妈妈们经常是下了班便急忙赶回家，将一天想要和宝宝做的事情，都集中在下班后的那几个小时去做。然而，妈妈的这一做法能够对孩子有所弥补吗？

妈妈下班了，带着对孩子的思念急匆匆地回到家，急忙给孩子喂奶。可虽然是在妈妈的怀抱里享受母乳，宝宝却并不高兴，他的头来回地动，一点儿都不配合。如果妈妈仍然继续的话，宝宝便开始哭了。

我们仔细观察便会发现，孩子之所以会这样，是因为妈妈忽略了孩子的节奏。妈妈出于弥补心理，想利用下班后的几个小时完成本来需要一天时间来完成的事情。也许对于大人来说，这并不是没有可能，但是对于孩子来说，这不可能也不可以完成！

我们知道，两个人能够和睦地在一起相处，原因在于两个人的某些习惯相似。也就是说，两个人做事节奏相同或相近，能够在做事情时找到共同的节拍。如果两人的节奏不同，其中一个人就要迁就另一个人的节奏。例如，两个好朋友，一个走路快，一个走路慢，如果要一起走，要不就是走路快的稍微放慢些脚步，要不就是走路慢的稍微加快些步子。

宝宝也有自己的节奏，而妈妈想在几个小时之内完成一天才能够做完的事情，势必会使事情的节奏加快，从而打乱孩子的节奏。当孩子的节奏被打乱时，他就会觉得与周围格格不入，从而产生一种不安。

宝宝生活在这个被成人包围的世界里，他需要去了解很多的东西。在成人眼里理所应当的事情，在孩子那里还需要孩子按照自己的节奏一点一点地去理解。

例如，一个孩子正在学着如何系鞋带，尝试了很多次仍旧没有学会，但孩子的好奇心被激发了，他仍旧在那里努力地系着。而在旁边等待的妈妈因为还有很多事情需要做，所以有些不耐烦了，于是走过去，直接就把鞋带给系好了。这时候孩子大哭起来，一边哭一边跺脚，想要自己接着系，但妈妈带着他不由分说地走了。妈妈用很短的时间就将事情办妥了，可是这种帮助真的帮孩子了吗？

答案是否定的，这种帮助反而成了孩子健康成长的障碍。

蒙台梭利曾经说过这样一句话："节奏并不是随意改变的旧观念，它几乎就像一个人的体形，是一个人的内在特征。当其他人的节奏和我们接近时，我们会为之感到高兴；但当我们被迫适应他人的节奏时，我们便会感到痛苦。"孩子之所以会哭，正是因为我们强势的帮助给他带来了压迫感，使他感到很痛苦。

因此，在照顾孩子的问题上，哪怕是一分钟的全身心投入，也比急匆匆地照顾一下午更有价值。和照顾的时间多寡相比，孩子更加需要的是我们全身心的情感投入。

如果妈妈们爱自己的孩子，那就请你们尊重孩子的节奏，将自己的脚步放缓一些，去协调一下与孩子之间的节奏，让宝宝肯定自己的存在，在阳光下自在成长。

知识聚焦

每个人都有自己的节奏，宝宝也不例外。妈妈如果想和宝宝和睦相处，就必须适应宝宝的节奏。尊重孩子的节奏，哪怕是一分钟的全身心投入，也比急匆匆地照顾一下午更有价值。

下篇

3~6 岁宝宝的行为心理学

第四章　妈妈快看看我

随着孩子慢慢长大，他们开始渴望妈妈的关注和理解。但他们会用自己的方式来“求关注”，因而常常被大人们误解。所以，当孩子不近情理地哭闹或撒娇时，也许只是在对你说 :“妈妈，快看看我！”

孩子为什么坐不住

当宝宝长到四五岁时，大多数都会去幼儿园了。这时麻烦就来了，因为孩子总是坐不住，在座位上动个不停，甚至堂而皇之地在教室里乱跑。妈妈们经常会因为孩子们的这些举动感到担心，既怕孩子这样不懂事，不利于将来的发展，又担心孩子患上了多动症。

其实妈妈们大可不必这么紧张。对于这个年龄段的孩子来说，坐不住是一种很正常的现象。处于幼儿阶段的孩子，他们的注意力主要是以无意注意为主，缺乏自我控制能力，因而他们更容易受到外界刺激的影响。这个年龄段的孩子坐不住是有别于多动症的。

患有多动症的孩子无论在什么场合都会好动，无论做什么事情都无法将注意力维持较长的时间，而且行为杂乱，毫无目的。而坐不住的孩子在陌生的场合中往往会变得比较安静，在做自己感兴趣的事情时可以集中注意力较长时间，而且其目的性很明确。

那究竟是什么原因导致孩子总是坐不住呢？研究表明，孩子集中注意力的时间是随着年龄的增长而不断延长的。

对于1岁以下的孩子，他们集中注意力的时间一般不超过15秒，1岁半的孩子可以集中注意力5分钟以上，2岁的孩子约为7分钟，3岁的孩子约为9分钟，4岁的孩子约为12分钟，5岁的孩子约为14分钟。所以，孩子坐不住其实是因为孩子处于特殊的年龄阶段。因为年龄小，所以注意力集中的时间很短。

除此之外，孩子坐不住可能还有其他一些特殊的原因。例如，有的孩子到了四五岁仍然穿开裆裤，而这个年龄的孩子又喜欢到处乱坐，导致细菌滋生，因而在坐着的时候就会觉得痒痒，坐不住也就情有可原了。

明白了这些，妈妈怎么才能让孩子坐得住呢？下面我们就来给妈妈们提供一些方法。

- 首先，我们已经了解到这个年龄段的孩子主要是无意注意。为了保护孩子脆弱的注意力，我们需要给他创造一个相对安静的环境，将引起孩子注意力分散的客观因素降到最低。
- 其次，妈妈要尊重孩子的游戏时间，不要轻易打扰他们，让他们培养专心致志的态度。人们常说，“兴趣是最好的老师”，良好的环境加上浓厚的兴趣，想要孩子不坐着都难。如果妈妈们有事情必须中断孩子的活动，应尽量提前告诉孩子，不要搞突然袭击。
- 再次，孩子坐不住多表现在课堂上，由此就不能不想到两个关键的因素，那就是课时和课程内容。如果课时过长，超过了孩子能够维持的注意力时长，孩子肯定会坐不住。另外，如果课堂所讲的内容根本无法引起孩子的注意，那么孩子也肯定会坐不住。有些妈妈总是感到很困惑，为什么同在一个教室，自己的孩子总是坐不住，而别人家的孩子却能够很踏实地坐在那里？这很可能就是因为孩子的兴趣不同，这时就需要根据孩子的兴趣选择上课内容了。这一点非常重要，因为绝大部分成功者都有一个特点，那就是对自己感兴趣的事情，有着超越其他人的专注。

- 最后，提醒妈妈们，尽量不要给这个年龄段的宝宝穿开裆裤了，即使穿也要注意卫生，以免细菌感染。

知识聚焦

孩子坐不住，主要是因为年龄小，注意力集中的时间很短。想要让孩子坐得住，需要从多个方面同时着手，其中最重要的是培养孩子的兴趣。如果让孩子对课堂上的内容产生兴趣，再加上合理的课时安排，孩子就能坐得住了。

好动只因探索

在人们的印象中，孩子是一个好动的群体。有时候他们古灵精怪，总有很多奇思妙想，总会做出许多令人捧腹的事情，为爸爸妈妈带来无限乐趣。而有时候，宝宝的好动也会给爸爸妈妈惹来麻烦——也许爸爸珍视的古董花瓶会在孩子的手中“一命呜呼”，也许妈妈的高级香水也会碎一地，留下一片芬芳。然而，孩子好动的背后究竟有着什么样的隐情呢？

妈妈经常会因为孩子的好动而苦恼。只要一个疏忽大意，宝宝就会惹出什么事端。无论是电视、桌子还是花瓶，只要目力所及的东西，孩子都会乐此不疲地用手去摸一摸。如果是一只爬动的虫子，那就更能吸引他的注意力了。总之，孩子们好像有着用不完的精力，有一双毫无畏惧的手。

人类是一种充满好奇心的群体。宝宝在妈妈肚子里的时候，虽然受到空间的限制无法充分施展手脚，但是他们仍旧在尝试着与外部世界联系，通过感受妈妈来感受世界。出生后，宝宝们还不具备行动的

说给妈妈的悄悄话

我只是更喜欢活动的东西，不是喜新厌旧～

能力，但是躺在床上的他们并没有因此而沉寂，而是通过移动自己的小脑袋和小脚丫，来感受这个陌生和充满好奇的世界，寻找新的发现，探索新的领域。再经过一段时间，宝宝已经能够灵活地运用自己的双手，而且自己也能够行走，与生俱来的强烈好奇心再也无法遏制，于是就发生了上述的情况，见到什么都会伸手去触摸一下。

但是，还有一个细节是需要我们注意的，那就是孩子的手会很快从静止的物体上移开。经常有人说，孩子喜欢什么东西没有长性，刚买的玩具还没玩多久就不喜欢了，于是一个“帽子”被无情地扣在了孩子的头上："这孩子长大之后肯定做事没有毅力。"在这里我们就应该为孩子喊一声冤了。因为这只不过是孩子在这个成长阶段的正常现象，并不能说明孩子将来就没有毅力。不要忘了，打从娘胎里宝宝就对"动"情有独钟。孩子喜欢选择不断变化的事物，因为这意味着体验与状态的不断变化。当孩子们发现自己手中的东西是不会动的、没有生命的东西时，就会甩手扔掉，掉头去寻找另一件感兴趣的物体。

所以，妈妈们不用为孩子的好动而担心，因为好动意味着孩子在与这个有些陌生的世界拉近距离。一个对周围环境的刺激表现出强烈好奇心的孩子是正常的，而一个对周围事物一点都不关注的孩子才是不正常的。好奇心是人类的本能，它驱使着孩子去不断地接触新事物，而新事物的刺激又不断地激发着孩子的好奇心。在这个过程中，孩子是满足的、快乐的。

如果孩子总是无法找到令他感兴趣的事物，他的好奇心便得不到满足、整个人也会因此情绪低落，甚至发展到对周围的一切都漠不关心，这对孩子将来性格的形成和交际能力的发展都是非常不利的。所以，妈妈们一定要理解孩子，对于孩子的好动给予正面的评价，不要因为孩子的好动造成了某些损失，就去苛责孩子，甚至强行禁止孩子的活动。否则，被强制的压抑会导致孩子好奇心丧失，从而使得孩子变得消沉内向。妈妈可以趁孩子休息时把一些贵重的东西收好。

同时，妈妈一定要注意尽量参与孩子的体验过程。这样做一是为了防止宝宝不小心碰了危险的东西而受到伤害，例如电源插座和危险的动物。二是妈妈参与其中，能让孩子没有孤独感，并使这种体验变成一种游戏。这不仅对孩子的成长有利，而且可以维持孩子的好奇心，使愉快的感受一直延续下去。除此之外，妈妈在为宝宝挑选玩具时，也应该多选择一些会动的玩具，而且一定要安全、手感好，以免伤到孩子的小手。

知识聚焦

打从娘胎里开始，宝宝就对“动”情有独钟，因为这意味着体验与状态的不断变化。所以，妈妈无须因为孩子的好动而苦恼，而应当对孩子的好动给予正面评价，并尽量参与孩子的体验过程。

恐惧的征兆

恐惧似乎是伴随我们一生的，即使强大的人也不能说他一生中从未被恐惧占据过。而对于宝宝来说，由于他们往往不能顺利地用语言表达自己的恐惧，所以很容易受到恐惧的纠缠。

当一个人深陷恐惧时，他的思维就会变得混乱，整个动作也就随之变得不自然。比如，某个没有认真听讲的孩子在课堂上突然被叫起来回答问题，他有点反应不过来，希望能够获得旁边同学的帮助，但是又害怕被老师发现。于是我们看到这一幕：孩子整个身体僵直地站立着，头部一动不动，眼睛却在寻觅着周围正在向自己传送答案的同学。

显然，此时孩子感到了恐惧，因为我们从他的肢体行为中明显感到不自然。为什么孩子这么努力地掩饰着恐惧，而我们只需要一眼就知道他正在害怕呢？

这与人类的眼睛和身体的配合有关。人类的眼睛和身体是互相配合来完成移动的，移动头部时眼睛也会随着移动，但是眼睛的动作总会稍慢一些。因此，只有当眼睛随着头部移动时，整个动作看起来才会和谐自然。如果我们把眼睛移向左边,同时试图将头移向右边，会发现根本无法实现。

我们经常说贼都有一副贼相，就是因为他们在寻觅目标时总是头部不动，眼睛来回向四周寻觅，这样的动作和一般人是有很大差别的，也就难免让我们看出端倪。

所以，当某个人只移动眼睛而头部保持不变时，我们便能够知道此时他内心正有着某种不安，他正感到害怕。当我们置身于一条黑暗的陋巷，周围传来一些异样的声音时，我们的整个身体会下意识地变得僵直，只留下眼睛胆怯地向四周寻觅。眼睛是心灵的窗户，从眼中便能窥见心灵的活动，所以眼睛最容易暴露一个人。如果一个人目光游离、毫无定性，我们便能知道他的内心不平静。当孩子害怕时，我们也能够从他恐惧不安的眼神中察觉出来。

除此之外，宝宝表现出一些异常的举动，也说明他正在承受着恐惧的折磨。如果一向睡眠正常的孩子突然间难以入眠，经常在半夜醒来后哭闹，或者变得特别嗜睡，那么很可能他内心充满恐惧。长期食欲正常的孩子突然间食欲下降甚至厌食，如果不是肠胃消化的问题，那就很可能是孩子的精神正处于一种严重的紧张、恐惧的状态。又如，原本性格随和的孩子突然间变得异常敏感，玩耍时会因为一点小事而和其他孩子抓打起来，这些都是孩子情绪紧张、恐惧的表现。

当妈妈发现孩子正在被恐惧的情绪所困扰时，应该如何缓解和消除宝宝的恐惧呢？

- 首先，我们应当和宝宝沟通，了解宝宝究竟在恐惧什么，千万不能因为他害怕的东西在你看来有些可笑而嘲笑他，一定要尽量去理解孩子内心的恐惧。如果孩子已经能够说话，我们还要尽力去引导孩子说出自己的恐惧。妈妈应该告诉孩子，恐惧是一种很正常的心理状态，千万不要觉得这是一件丢脸的事。

- 其次，妈妈们应当去试着解除孩子的恐惧。比如，宝宝突然听到了街上的警笛声而心存恐惧，妈妈知道后，就应当跟孩子讲明白：“警笛声并不可怕，只是警察叔叔用来抓坏人的，它不会伤害你的。瞧，一切不都很好吗？有妈妈呢，宝宝不用害怕。”如果妈妈能帮助孩子认识他所恐惧的事物，他的恐惧感也就相对降低了。不过需要提醒的是，妈妈们一定不要欺骗宝宝。有些妈妈为了不让孩子感到恐惧，有时候会对孩子撒谎。例如必须打针时，宝宝看到那亮闪闪的针头害怕得不得了，这时有些妈妈会说“打针一点儿也不痛”，结果宝宝真正打针时却感到很痛。这样做会让孩子对打针的恐惧不减反增，而且对妈妈也不再会像以前那样信任了。与其这样，还不如和宝宝实话实说，让孩子提前有心理准备。妈妈可以在孩子身边，握着孩子的手，给予他鼓励和勇气，培养他战胜恐惧的能力。

- 最后，妈妈们一定要给孩子做一个好榜样。父母通常是孩子模仿的对象，父母面对事情是勇敢还是恐惧，直接影响着孩子。所以当面对非常令人害怕的事情时，父母应当以身作则，为孩子带好头。例如打针这件事，当孩子目睹父母毫不畏惧地打针后，自己也就不会那么恐惧针头了。

当然，如果孩子恐惧比较严重，上述方法根本无法奏效时，可能就是患上某些心理疾病了。这时妈妈们一定要带宝宝及早就医，以免耽误了孩子。

知识聚焦

恐惧是伴随我们一生的。由于表达能力的欠缺，孩子很容易受到恐惧的纠缠。妈妈们应当通过沟通去了解孩子的恐惧，告诉孩子这是一种正常的现象，并试着去解除孩子的恐惧。

既定程序的安慰心理

当我们感到一件事情非常突兀时，常常会说这件事完全出乎预料。反过来说，如果一件事情早已在我们的考虑之中，对它的种种情况我们都已经预先准备好了解决办法，那么即使泰山崩于眼前，我们也能处之泰然。也就是说，如果事情在一个人的预料之内，便会对其心理有一种强大的安慰功能。

时间不早了，孩子该睡觉了，这时，孩子可能把自己白天玩的洋娃娃轻轻地放在被窝旁边，像往常一样将一个奶嘴放入唇间，然后安然地闭上双眼,甜甜地做上一个好梦。有时这种形式可能会被打乱，比如某天孩子很累，就匆匆忙忙地直接爬到床上提前睡了，而疲惫结束后，半夜醒来的孩子就开始哭泣。这时，也许只要像平时一样将洋娃娃放到孩子身边，把奶嘴放入孩子的嘴里，一切就都恢复了平静。那么，这其中究竟有着怎样的玄机呢?

每个人都有一些自己的习惯，而长久形成的习惯一旦有一天没有遵守，我们就会觉得非常不自在、不舒服、不对劲儿。习惯，就是

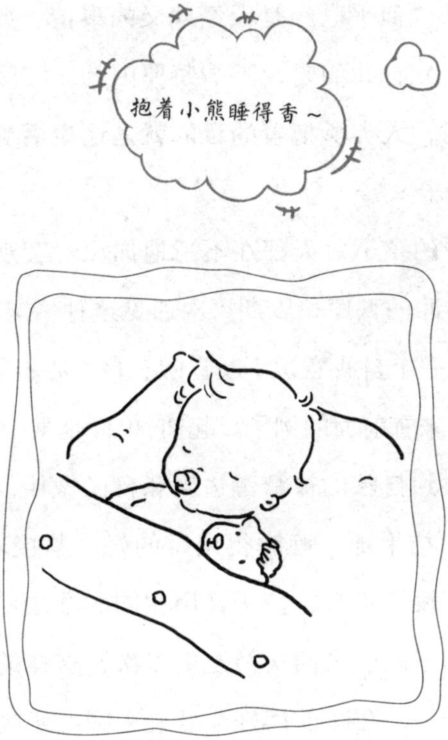

积久形成的生活方式，就是同样的事情不断重复，直到成为一种生活的既定程序，鼠标一点，出来的便是预设的页面。

之所以孩子会有上面的表现，也是由于习惯。我们对客观世界从陌生到熟悉，需要经过一个过程。在这个过程中，我们不断体验，不断发现，其中不可缺少的就是重复。通过这种重复，我们会在复杂的事物中摸索出一些规律，或者说是程序。

例如在数学中，我们坚定地认为一之后就是二,二之后就是三，这些对于我们来说似乎已经是天经地义的事情。如果有人问你，为什么一之后不是三，我们是说不清楚原因的。实际上，在最初建造这些数学模型时，人类所抱着的目的就是让生活更加安稳，满足人们对安全感的渴求。

处于成长中的孩子每天都在不断地加深对客观世界的体验，寻找着事物彼此之间的秩序，以期再次遇见这种情况时能够从容应对。而这个过程也是一个自我意识不断觉醒、自信心不断壮大的过程。

我们回过头来看前面的例子。起初,也许是某一天孩子十分害怕，于是将洋娃娃放到自己的被窝旁边来和自己做伴，顺便将奶嘴放到了自己的嘴里，结果那一晚睡得出奇的好。紧接着又在一个晚上，同样因为害怕而辗转难眠，孩子又用相同的办法使自己享受了一个很好的睡眠。第三次、第四次乃至更多次，这样的举动都换来了同样好的睡眠。于是，在睡前摆好洋娃娃、叼上奶嘴就成了孩子的一个雷打不动的习惯，成了孩子的一个既定程序。

认识到孩子的习惯是怎样形成的，妈妈们就可以有意识地参与孩子的生活习惯的培养。如果能在孩子小的时候将一些良好的生活方式变成他的既定程序，会使他受益终生。例如，妈妈们可以在每天睡前为孩子讲故事，将听故事培养成孩子的一种生活习惯。这样既可以帮助孩子安定情绪，为睡眠做准备，又可以使孩子多积累知识。当然，由于孩子缺乏正确的判断力，往往无法对习惯的好坏做正确的判断，因此就需要妈妈们多多注意，以免孩子养成不好的生活习惯，影响他将来的发展。

知识聚焦

既定程序能对孩子产生一种安慰作用。如果能在孩子小时候将一些良好的生活方式变成他的既定程序，会使他受益终生。所以，妈妈们可以有意识地让他养成一些良好的生活习惯，同时也要避免孩子养成不好的生活习惯。

挑衅只为吸引

当我们置身于一个陌生的环境中时，总会有一种恐惧，而恐惧的原因在于不知道这个陌生环境是好是坏，其中是否有我们所未察觉的危险。孩子也是这样，随着一天天成长，他不可能总是生活在自己亲人的世界里，他需要接触其他的人群，融入其他的群体，这时他便会感到恐惧。

当孩子可以自由爬行的时候，他就已经表现出了想要接近其他小朋友的倾向。我们发现，他会朝着人多的地方爬去，但是出于对陌生的恐惧，又总是有些徘徊、犹豫。如果妈妈将他抱起来走开，他又会回头看着那里，不忍离开。这种既渴望与人交流又畏缩不前的心理几乎每个孩子都有。而随着年龄的增长，有些孩子学会了主动大方地和人交往，有些孩子却学会采用一些特殊的方法来引起他人的关注。例如，陪孩子在公园玩耍时，我们很可能会看到这样的情形：一群孩子正在那里玩得不亦乐乎，而旁边有这样一个孩子，独自一人在旁边也玩得很认真。但是只要你再多看几眼，就会知道他是假装

的。他一边假装玩得很认真，一边频频向那群玩耍的孩子张望，却装作是不经意一瞥，脸上一副若无其事的样子，嘴里也不知道在嘟囔着什么。过了一会儿，这个孩子突然跑向那群正在玩耍的孩子，将他们玩耍的球抢了过来，然会疯狂地向别处跑去，一边跑一边回头看，脸上露出别样的兴奋和一种坏坏的笑容。于是，刚才做游戏的孩子们都跑去追这个孩子了。不知道大家是否看出了他的意图。也许大家的第一反应会是“这个孩子太讨厌了”。可是仔细观察这个孩子的动作，我们就可以看到他的苦衷。我们会发现，他在独自做游戏时是假装很认真，其实眼睛却在看那群做游戏的孩子。孩子的眼睛是最不会骗人的了，他不断张望的眼神说明他其实很希望那群孩子能够注意到他，期盼他们邀请自己一起参加游戏。但是这样过了一段时间后他发现，那些孩子玩得太投入了，根本就没注意到他。他开始怀疑自己用这种方式能否让那群孩子注意到自己，内心急切的期盼使得他已经快要无法忍受，于是他选择了对那一群孩子进行挑衅。当他抱着抢来的球奔跑时，我们可以从他的脸上看出兴奋和喜悦。当一群孩子追逐他时，他感觉自己进入了群体，达到了自己的目的。尽管那些孩子追逐他是因为他手里的球，但他可不管那么多，就当作那些孩子是在回应他，跟他一起玩了。

也许在成人看来，用这种方式来接近陌生人非常不妥，但在孩子的世界里，这种“不打不相识”反而非常奏效。所以，当爸爸妈妈再看到自己的孩子有这种调皮的举动时，请先不要大动肝火，为孩子的捣乱而生气。因为孩子也有他的无奈，他不知道如何去跟陌生人接近，只得用自己不成熟的逻辑想出这么一个计策，来让自己接近那群孩子。爸爸妈妈一定要理解孩子内心的期盼，引导孩子采用更好的方式来与其他人结交，而不是一下子全盘否定。如果挫伤了孩子的积极性，孩子变得拘谨内向，岂不是更糟糕吗？

知识聚焦

在与他人的交往中，一些孩子会采用一些特殊的方法来引起他人的注意。也许成人看来，这样的方法很不妥，在孩子的世界里却很可能非常奏效。所以，爸爸妈妈要理解孩子内心的期盼，逐步引导孩子采用更好的方法与他人交往。

第五章　我的世界就是你的世界

尽管自我意识已经开始萌发，但孩子仍然不能完全分清“你”和“我”。在孩子的世界里，他看到的你就应该看到，他有的感受你也应该有，孩子就是一个“专制的小魔头”。

我的世界就是你的世界

我们经常会说，某个人太自我了，根本无法与他交流。而所谓“自我”，就是一个人把自己作为中心来看待问题和处理问题。这样的人会以自我为中心画一个圆，一切在圆之内的东西都是他的，神圣不可侵犯。一旦这种状态改变了，他便开始采取行动捍卫自己的利益。而我们身边都有这样一个人，他就是我们的宝宝。因为在宝宝的世界里，他的世界就是你的世界。

妈妈正在和宝宝玩看图识记的游戏。妈妈指着一只鸭子问宝宝：“这是什么呀？”宝宝就会用稚嫩的声音说：“嘎嘎。”如果指着一只青蛙问的话，宝宝会给出相似的答案：“呱呱。”这时我们不能说宝宝说得不对，但又总是觉得哪儿有些不对劲。

有时候，妈妈给宝宝指着照片，问照片上的人是谁，宝宝却指着照片上的某个阿姨嘴里念叨着：“妈妈。”有时候，宝宝玩得很兴奋，这时他急于和爸爸妈妈分享，于是就疯跑到爸爸妈妈身边，想要第一时间告诉他们。围过来的爸爸妈妈等待着宝宝的诉说，可是宝宝

却因为太过兴奋怎么也说不出来。这时，等得有点不耐烦的爸爸急了，而感受到爸爸不耐烦的宝宝马上也变了脸色，转而闷不作声，噘着小嘴，闷闷地跺着脚。

面对以上这些情景，妈妈们往往有些不理解：怎么明明知道叫什么，就是不好好说名字呢？明明认识照片里的人，为什么故意说错呢？刚刚还挺开心，怎么一下就生气了呢？

其实，我们在与孩子进行交流的时候犯了一个错误，那就是我们是用自己的思维去揣摩和理解孩子。也许因为总是和成人打交道，所以我们忘记了面前是一个未经世事、天真纯洁的孩子。而孩子就是一群对世界充满幻想、天马行空、无拘无束的天使。在孩子稚嫩的头脑中，还不能准确地分辨自己和他人，他们认为“我的世界，就是你的世界”。他们知道的事情，爸爸妈妈也应该知道；他们有了好玩的东西，爸爸妈妈也应该玩一玩。所以，如果宝宝看到了非常有趣的东西，就会跑去手舞足蹈地告诉爸爸妈妈，兴奋得不得了。这时，如果爸爸妈妈还是保持着平时的样子，没有孩子似的兴奋，孩子就会想：“爸爸妈妈怎么这样啊？他们怎么不和我一样啊？他们怎么会看不到啊？我都看到了。不可以、不可以……”于是孩子开始不高兴了，噘着小嘴，一声不吭。

可见，在孩子的世界里，并不适宜过分生硬地强调“实事求是”。孩子是需要幻想来培养的。在这个最适合想象，也最应该培养想象力的时期，如果用成人的方法来交流的话，无疑将孩子的天性扼杀了。而妈妈们往往容易忽略这一点。

在与孩子交流时，我们应当以孩子的思维来思考，体会孩子当时的心情，融入孩子的情绪之中，不仅做孩子的父母，更应当做孩子贴心的朋友。面对孩子兴奋的脸庞，爸爸妈妈也应当以笑脸回应，以便让孩子知道，“妈妈爸爸知道此时你心里的感觉”。

同时，爸爸妈妈应该引导孩子说出他想要说出的话，耐心地等待他，让他的心情缓和一下。这样不仅有利于父母与孩子今后的交流，让父母和孩子的距离进一步拉近；而且能提高孩子自身的交流能力，让他对生活保持旺盛的好奇心，开发自己的潜能。

知识聚焦

在孩子稚嫩的头脑中，还不能准确地分辨自己和他人，他们认为“我的世界，就是你的世界”。在与孩子交流时，我们应当以孩子的思维来思考，体会孩子当时的心情，融入孩子的情绪之中，不仅做孩子的父母，更应当做孩子贴心的朋友。

少点介入，多点收获

父母在孩子的一生中充当着重要的角色，在父母的细心呵护之下，孩子逐渐长大。但就像巢中的鸟儿一样，孩子总有一天会离开父母，去寻找属于自己的一片天空。到那时候，孩子才算是真正长大了。

然而，父母看着孩子不断成长，对自己的依赖性逐渐降低，心情总是复杂的。父母已经习惯了给予孩子无限的爱，有一天，当孩子能够自己去飞翔时，他们会发现自己的爱忽然间变得无处安放。而有些父母给予孩子的爱丝毫不会因此而减少，有时反而愈演愈烈。这时，父母对孩子生活的参与就不再是“帮助”，而变成了“介入”。

无论在孩子蹒跚学步时，还是在平时嬉戏打闹时，我们都很容易看到这样的情景：孩子由于站不稳或者动作太猛了，忽然摔倒在地上，一切仿佛都静止了。这时宝宝往往会第一时间把目光投向身边的爸爸妈妈。如果爸爸妈妈表情紧张而又心疼，迅速地跑向孩子将他扶起，他就会在一瞬间放声大哭，似乎疼痛潮涌而来。而如果爸妈只是轻松一笑，宝宝就会跟着爸妈一起笑，自己从跌倒的地方爬起来，继

宝宝心语～

咦，妈妈怎么不来？那我自己爬起来～

续刚才的玩耍。

这就是父母对孩子的事情不同程度的介入造成的不同结果。对于孩子来说，在摔倒之后，他并没有自己做出反应，而是在第一时间将目光投向了他最信任的父母。如果父母表现紧张的话，孩子就会马上哭；而父母轻松自如的话，他就会笑着爬起来。

孩子的成长是应当经历一些跌倒的。然而，为了向孩子强调自己的爱，父母常常会进行过多的介入。就像上面的例子中，孩子跌倒了，习惯性地向父母投去目光，其实这目光本身就是父母介入过多带来的依赖。

我们不反对父母从旁协助孩子，毕竟孩子只是孩子，在很多方面的能力都还不足。但是如果我们太过介入孩子的活动，他们行为能力的培养就会受到影响。父母的介入导致孩子失去许多亲身尝试的机会，其在学习能力、认知能力的培养上就会出现漏洞。而这些能力的欠缺会导致孩子否定自己的能力，因而自信心大打折扣，甚至出现自卑感。所以，在孩子的成长过程中，爸妈一定要注意不要过多地介入孩子的行为，而是应该让孩子拥有更加广阔的空间去发现、认知、感受，让他们学会自己解决问题。如果爸爸妈妈减少对孩子生活的介入，孩子就会在成长的岁月里获得更多的东西。

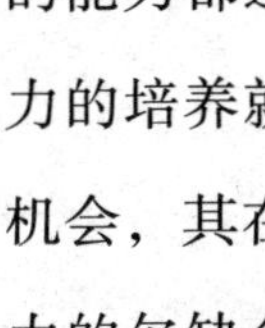

知识聚焦

当父母对孩子的生活参与过多时，就由“帮助”变成了“介入”。父母的介入会让孩子失去许多亲身尝试的机会，其学习能力、认知能力的培养上就会出现漏洞，进而影响孩子自信心的培养。所以，父母应当学会适当地放手。

孩子的游戏规则

秩序是生活之纲。每件事情都有它的规则，妈妈们可曾想过，眼前游戏玩耍的孩子也有自己的游戏规则?

孩子们都喜欢游戏，家长们也都希望寓教于乐，让孩子在游戏中成长。但许多家长并不知道,孩子对于游戏有着自己独一无二的规则。当孩子看到妈妈给他买的小火车在轨道上行驶时，高兴得手舞足蹈，眼睛发出明亮的光芒。但是突然间，面带笑容的孩子就将行驶中的小火车推出了轨道外，看着翻倒的小火车无奈地转动着车轮，孩子更加兴奋了。难道看着小火车行驶不好吗？为什么要将小火车推翻呢?而且为什么这样的“暴行”换来的是孩子的异常开心呢?

是不是孩子突然间发脾气了？答案显然是否定的。

因为孩子很明显是高兴的，他不可能突然间无缘无故地发怒，这一点孩子脸上的笑容就足以证明。其实，孩子的这一举动正说明了孩子有自己的游戏规则。在妈妈们看来，小火车玩具的乐趣就在于为它铺好轨道，然后享受小火车疾驰的快乐。但孩子对于这种游戏有自己的理解，而这种理解往往迥异于我们。孩子的思想是天马行空的，很可能在孩子看来，将小火车推出轨道所带来的快乐才是自己更加期盼的。

孩子有一个属于自己的世界，在这个世界里有属于他的游戏规则。在孩子的世界里，他不仅仅是参与游戏，而且把自己放在游戏的中心地位，自己主导游戏。所以，爸爸妈妈一定要尊重孩子自己的游戏规则，不能将我们的思想强加在孩子身上。

多数父母在孩子游戏时倾向于让孩子遵循游戏规则，期望孩子能够在游戏中明白规则，学会一些东西。但是对 5 岁以下的孩子来说，他们还无法理解规则这种东西，只有再稍大一些的时候，他们才能理解。我们理解父母的苦心，毕竟“没有规矩，不成方圆”，没有规矩

的人是无法适应这个时代的。但是，引导孩子遵守规则一定要注意年龄，要让孩子在合适的年龄学习规则，以免孩子不仅对规则不能理解和配合，反而天性受到压抑。而孩子到了5岁左右，就到了规则培养阶段，这时与孩子做游戏时就要开始讲规则。为什么这么说呢？我们注意到，很多家长在与孩子进行游戏时往往让着孩子，也就是怕孩子因为输了游戏而沮丧、懊恼。这种做法是可以理解的，但是一定要做到让而有度。这样既可以让孩子遵循规则，学会在规则范围内游刃有余；又可以照顾孩子的情绪，即使孩子输了游戏，也不用过多地担心孩子的自信心会因此受到打击。

所以，当孩子较小的时候，在保证他们安全的情况下，爸爸妈妈一定要尊重孩子的游戏规则。等孩子到了合适的年龄，再逐步让他掌握大人世界的游戏规则。

知识聚焦

孩子在游戏时，会把自己放在游戏的中心地位，对游戏有着自己独一无二的规则。爸爸妈妈一定要尊重孩子自己的游戏规则，不能将自己的思想强加在孩子身上，而是应当等孩子到了合适的年龄，再逐步让他掌握大人世界的游戏规则。

孩子的版图意识

版图是神圣不可侵犯的，一个国家的版图受到任何一点侵犯，都会激起整个国家人民的奋起反抗。而妈妈们也许不知道，我们的宝宝也有自己的版图意识，并且由于我们的忽略，我们可能正在遭受着孩子为捍卫自己的版图而进行的反抗。

宝宝生病了，于是妈妈开始给宝宝喂药，可是宝宝说什么也不肯喝。虽然妈妈努力将药喂进孩子嘴里，可是孩子瞬间就将头转向了另一边，并用自己的小手拼命阻挡妈妈伸过来的双手。如果阻挡无法奏效，妈妈手中的药仍旧在靠近自己，宝宝就会放声大哭了。

很明显，宝宝对喝药这件事非常抵制，宝宝不喜欢又苦又难闻的药，他不希望这种东西进入自己的肚子里，与自己的身体融合。其实，孩子的这一举动就是在维护自己的版图。为了维护自己的版图，宝宝先是将头转开，并且用手阻挡，当这没有效果时，他就只有使用终极武器——哭喊了。

同样地，一些孩子不爱吃饭，而当爸爸妈妈担心他的身体，强迫

玩具也是我的版图，神圣不可侵犯

他吃饭时，我们也会看到这样的情形。妈妈努力地将食物放入孩子嘴里，孩子却拼命抵抗，一点儿也不配合。即使伴随着孩子的哭声，食物终于进入孩子的口中，也还有可能被孩子吐出来。

这些情况其实都有着深层的原因。如前面所说，孩子出生后便有了版图意识，他知道什么地方是属于自己的，而这些地方是绝不能妥协、退让的。当自己的版图受到侵犯时，宝宝就会用自己所有的力量进行护卫。孩子的身体当然也是重要的版图，如果有令自己不适的东西企图进入，孩子当然也会全力阻拦。

除了自己的身体，喜欢的玩具和其他物品也是孩子的重要版图，这在家里来小客人时表现特别明显。孩子们会密切地“监视”着小客人，生怕他会拿走自家的什么东西。而当来做客的孩子拿起了他想玩的玩具时，主人家的孩子就会迅速地走过去，将玩具一下子夺回来，并满脸敌意地看着对方，甚至警告对方“不许动我们家的东西”。这些举动都体现了孩子对自己版图的独占意识和防卫意识。

孩子的版图意识是需要我们尊重的。对于孩子抵制某些入口的东西，妈妈们不要采取强制执行的手段，而应当尽量温和地引导孩子吞下去，实在不行就考虑其他的替代方式。而对于不让别的孩子碰自己玩具的孩子，我们也不能轻率地用“自私”这种词来形容他们。因为孩子还小，他保护自己的东西其实是出于一种维护版图的本能，妈妈们应当给予理解、尊重，并进行恰当的引导。

知识聚焦

妈妈们也许不知道，孩子也有自己的版图意识。孩子的版图意识是需要我们尊重的。当孩子不想吃某些食物或是不想让其他孩子碰自己的玩具时，父母不应当采取强制执行的手段，而应当尽量温和地引导孩子。

孩子需要浪漫

浪漫与现实是相对的，是一种无拘无束的想象。而对于五六岁的孩子来说，他们既不会像更小的时候那样什么都不懂，也不会像更大一些时逐渐认清许多东西。此时的孩子徜徉在现实与想象的中间地带，独享着自己的浪漫。

仔细观察就会发现，这个年纪的孩子显然还不是站得很稳。他们走路时总是容易摔跤。这究竟是怎么一回事呢？原来，虽然这个年纪的孩子已经学会走路，但他们并不是将全身的重量都集中到脚上，而只是轻轻地贴着地面。这表示他们尚未和现实完全接轨，仍然沉浸在自己想象的世界里，行动起来总是迷迷糊糊、天马行空。他们还经常迅速地改变姿势，比如在奔跑时突然转向，因而就会出现身体跟不上想法的情况，常常摔在地上。

妈妈们看到这种情形，往往都会责怪孩子不好好走路，太调皮了。其实妈妈们冤枉了孩子，因为这个时期的孩子正处在成长的十字路口，他们头脑里仍旧有很多天马行空的想象。

孩子的浪漫源于对改变的追求，改变对生命而言就像是源头活水，永远给生命带来新鲜和清新。当一个孩子想要站定在某个位置的时候，就会将膝盖挺直，胸部也跟着挺起来，倔强地说："我要站在这儿。"并且他会保持这样的姿势，不准任何人来改变它。但也许才过了两分钟，孩子就觉得这件事情没意思，干脆去玩其他的游戏了。孩子就是这样"善变"，父母如果不能理解他们对改变的追求，就很难理解他们的行为。

对于这个时期的孩子来说，家长很容易陷入的一个误区就是仍然

把他们当作小孩子来对待。这时的孩子处于过渡阶段，如果仍旧被当成小孩子对待的话，那么无疑会阻碍他们的成长。另外，如果我们将他们当成大孩子来对待的话，那就好像一只刚刚飞起来的风筝被挂在了树上。也就是说，父母将孩子从想象的天空中硬拉回现实，狠狠地撞在了地上。

这时候的孩子总是漂流在幻想与现实之间，所以他们喜欢被大人抱在怀里,乐意被大人扛在肩上。对待这个阶段的孩子不要太过严厉，否则会压抑孩子剩余的想象，对孩子以后的成长非常不利。也不要对这个阶段的孩子过于放纵，这对于孩子的成长同样是不利的。所以，这就需要爸爸妈妈把握好火候，在适当的范围内，可以和孩子疯玩一下；但如果孩子的行为已经违背了一些基本原则，就要让他认识到自己的错误，并加以改正。

知识聚焦

孩子的头脑中有很多天马行空的想象，他们总是漂流在幻想与现实之间。如果不能理解他们对浪漫的追求，就很难理解他们的行为。父母对待这个时期的孩子不能太过严厉，那会压抑他们剩余的想象；但也不能过于放纵，那会让他们不切实际。

点燃孩子情绪的沸点

世界上的万事万物都要经历一个从无到有，从弱到强，再由强变弱，直至消亡的过程。这就像水被加热一样，从常温到变热，然后到达沸点，停止加热之后，温度再一点一点回到原点。但妈妈们可曾想过，孩子的情绪也有着自己的沸点。孩子们在玩游戏时，情绪被一点一点勾起、带动，直至不断壮大，最后达到一个欢乐的沸点。而当情绪之火越烧越旺时，突然的停止就会导致孩子快乐情绪的无法满足，从而给孩子们造成巨大的落差。所以对于孩子而言，点燃情绪的沸点非常重要。而怎样才算点燃了孩子的情绪沸点呢？又该如何点燃这个沸点呢？

爸爸回来了，孩子张开双臂飞奔到爸爸跟前，想让爸爸把自己举起来。于是爸爸抱着孩子，并努力将他一次一次举高，孩子很高兴，笑声一声高过一声。爸爸明显有些累了，可是孩子仍用期待的目光注视着爸爸，希望继续做这个游戏，于是爸爸再次开始这样的游戏。不一会儿，孩子的小脸蛋变得红红的，表情越来越兴奋，动作越来

越欢快，同时开始大声喊叫起来，这些都表明孩子的情绪已经到达了沸点。

为什么要点燃孩子情绪的沸点呢？很多家长常常担心这样会给孩子以后的游戏带来不好的影响。例如，这次玩得这么疯狂，而下次如果没有这么多精力去陪孩子玩该怎么办？但是家长们不知道的是，点燃情绪的沸点对于孩子来说有着重要的意义。

我们都知道量变和质变的哲理。量变的积累是为质变做准备，或者说，只有积累足够多的量变，才会引起质变。而情绪的沸点就是孩子情绪上的一种质变。如果孩子积累了足够多的情绪，就能点燃这个沸点，引起情绪的质变。而情绪的质变并不是说使孩子的情绪变成了别的东西，而是说它会使孩子的情绪出现巨大的变化。

情绪的起伏就如同荡秋千，在秋千荡到最高时，我们所感受到的快乐是最大的，而当情绪的沸点被点燃时，孩子会感受到强烈的情感刺激。让孩子逐渐适应这种刺激，他就不至于在以后面对这种强烈情绪时不知所措。而如果在游戏中无法达到情绪的沸点，孩子就体会不到游戏所带来的快乐，情感也就得不到宣泄、放松，很容易变得心情郁闷，从而引发一系列的连锁反应。而如果孩子的情绪能够尽情宣泄，他心里原本的负面情绪便会荡然无存，这对孩子的心理健康有莫大的好处。另外,点燃情绪沸点给孩子带来的强烈的情绪感受，能够满足孩子内心的潜在需求，给予孩子勇气。因为人们在情绪十分激动的时候，总是更加坚决，更有勇气。

那爸爸妈妈应该怎样点燃孩子情绪的沸点呢?

- 一方面，爸爸妈妈应当尊重孩子对节奏的主宰，准确地把握孩子的节奏并予以配合。例如，游戏中的孩子满脸倦容时，我们就应当意识到孩子已经累了。而当孩子仍旧将小手臂伸向你时，说明他希望游戏继续进行。如果孩子红红的小脸蛋上洋溢着笑容，手舞足蹈，则说明他正处于情绪的沸点。而当孩子不再用眼神注视着你，而是将注意力转移到自己身上时，则说明孩子已经不再希望继续游戏了。明白孩子的这些讯号，妈妈们就能掌握孩子的节奏，在不同的时候采取不同的措施。

- 另一方面，爸爸妈妈可以用自己的情绪和节奏来影响孩子，带动孩子到达情绪的沸点。在这一点上，相对于妈妈而言，爸爸往往更容易将孩子带到情绪的最高点。原因在于妈妈们往往都是有条不紊地照顾着家庭，都是用一种很平缓的节奏在与孩子交流、玩耍。在妈妈的这种节奏影响下，孩子很难达到情绪的沸点。而爸爸则会抱着自己的孩子四处奔跑，会把孩子扔起再接住。在这种游戏中，孩子很容易被爸爸快速的节奏所感染，达到情绪的沸点。

知识聚焦

孩子在玩游戏时，情绪会被一点点勾起、带动，直至不断壮大，最后达到一个欢乐的沸点。如果游戏突然停止，就会导致孩子快乐情绪无法得到满足。所以，爸爸妈妈应当尊重孩子对节奏的主宰，并利用自己的情绪和节奏来帮助孩子达到情绪沸点。

第六章　我感到很压抑

人们常说，无忧无虑的童年最幸福，其实孩子们也不是毫无忧虑的。仔细观察孩子，我们会发现，孩子小小年纪也会有不为人知的苦恼。孩子的苦恼要是不被理解，最终就会变成妈妈的苦恼。

“不可以”带来的压抑感

“可以”和“不可以”两个词很简单，一个表示肯定、答应，另一个表示否定、拒绝。但是这两个很简单的词，蕴含着强烈的感情色彩。

大部分妈妈是不忍心和宝宝说“不可以”的，但在现实生活中总是难免有这种情况发生。例如，宝宝正在尝试着用小手去摸插座，而看到这一幕的妈妈情急之下，就放弃了平时对宝宝的轻声细语，一声大喝马上传了过来：“不可以碰那里！”这时宝宝显然被吓了一跳，正欲伸出的手停在了半空中，小脑袋寻向了声音传出的方向，脸上出现既惊讶又困惑的表情，随即又马上变成了惶恐。这时妈妈似乎恢复了理智，看到一直活泼机灵的宝宝惶恐的样子，马上心疼起来。于是妈妈告诉自己，下次再也不能用这样的语气跟宝宝说话了。相信大多数妈妈都是这样想的：不能对孩子大嚷大叫，以免孩子受到言语上的刺激。但是要注意，凡事都是过犹不及的。永远都轻声细语地跟孩子说话，对孩子来说也未必是好事。

在我们与孩子交流时，孩子会通过多种途径来理解我们所表达的意思，而不仅仅是通过语言本身。在很多情况下，宝宝对于语言本身的含义是无法完全理解的，因而常常通过父母的表情和语气来判断他们的意思。一张严肃的脸加上强硬的语气，对于宝宝来说就代表着拒绝。相反地，和蔼的表情加上温柔的语气就代表着同意和肯定。也就是说，即使知道宝宝听不懂自己所说的话，但妈妈通过自己的语气和表情也能够达到传递信息的目的。当然,孩子的世界是单纯的，所以无论妈妈们所传递的信息多么复杂，在宝宝那里都会转化为简单的两种——同意或拒绝。

大多数妈妈是不愿意用语言来刺激孩子的，但是这样的慈母心很可能给孩子的未来蒙上一层阴影。由于孩子在这一时期无法准确掌握语言的含义，因而往往通过说话声调和节奏的变化来领会他人的意思。多接触各种声调和节奏，孩子分辨差异的能力才能发展起来。也就是说，某些语言上的刺激，也给了孩子区别差异的机会。而一味用相同的声调和孩子对话，孩子分辨差异的能力就会发展缓慢。

所以，“不可以”虽然会使孩子产生一些压抑感，但是并不意味着绝对不能对孩子说。事实上，“不可以”带来的压抑感能够刺激孩子，让孩子接受新的东西。但是，这也并不意味着妈妈们能够经常对孩子说“不可以”。当孩子所做的事情会使他自己面临危险或者是有悖于一些基本原则时，我们要坚决地对他说“不可以”。而根据事情的严重程度，我们可以选择语气的强弱和说话的时机（当时或事后）。有些时候，我们的“不可以”是没有必要说的。例如孩子想去田野里玩耍，如果只是会弄脏衣服而没有安全问题，那就让他去吧。

知识聚焦

妈妈情急之下的“不可以”，会给孩子带来一种压抑感。大多数妈妈都会认为，不能对孩子大嚷大叫，但是这种语言上的刺激，也给了孩子分辨不同语调和语速的机会。所以，妈妈可以选择在适当的时候对孩子说“不可以”。

成长的正常反应

爸爸妈妈在孩子身上倾注了自己的全部心血，而从胎儿到出生再到一天一天地成长，宝宝也给爸爸妈妈带来了无限的快乐。妈妈们乐于向其他人叙说宝宝的优点，但对宝宝的一些习惯则难以启齿。作为最爱宝宝的人，妈妈们担心宝宝的这些举动会有什么不利之处。

许多妈妈大概都注意到了，宝宝有时候会自觉或不自觉地触碰自己的性器官，尤其是当他紧张或者犹豫时，这种肢体动作就会更加明显和频繁。有些妈妈看到这种情景的第一反应就是孩子染上了不好的习惯，必须及时纠正，于是严厉的管教开始了。而孩子并不知道自己哪里做错了，结果这种触碰性器官的动作反而更加频繁。孩子们的这一行为，究竟是怎么一回事呢？

其实，妈妈们大可不用这么紧张。在孩子的成长过程中，有两件重要的事是必须经历的，一是发现男性与女性的不同，另一件就是对自我的探索。而孩子对自己性器官的把玩就是一种自我探索。因此我们可以知道，孩子触摸自己的性器官其实只是其成长过程中的一种正常现象，而不是什么不良嗜好。我们需要以平常心来看待这种现象。我们如果对此不分青红皂白一律禁止，反而容易激起孩子的好奇心，同时也会使孩子与我们产生激烈的矛盾。有的孩子则会因此感觉自己有什么见不得人的地方，留下心理阴影，对其性格和人际交往的发展产生负面影响。

所以，爸爸妈妈一定要先保持冷静。家长越是对孩子的这种举动保持一颗平常心，就越有利于孩子。孩子经过这种正常的探索，就能够更好地接受自己，适应自己的身体。而随着时间的推移，孩子的好奇心就会得到转移，去寻觅其他感兴趣的事物。

对周围世界的好奇，推动着人类一步一步去探索、去发现。探索周围世界的过程不断给予人类新鲜的刺激，而正是这些刺激推动着

人类不断进步。同样，对于孩子来说，触摸自己相对陌生的性器官也是一种对自己的新刺激，而这种刺激对孩子身心的发展有着巨大的推动作用。

因此，爸爸妈妈如果看到宝宝在把玩自己的性器官，千万不要过度限制，压抑孩子。如果妈妈实在担心孩子的健康，怕不卫生的话，可以让宝宝勤洗澡和换衣服，并尽量穿全裆裤。如果孩子大一些了仍旧有这样的习惯，或是触碰过于频繁，妈妈们可以私下里用平和的语气告诉孩子这种习惯不好，劝说孩子慢慢改掉。另外，还可以通过增加孩子的活动来转移孩子的注意力，例如让宝宝多去外面走走，或者学画画等。当孩子关注的焦点转移后，自然就不会频繁触摸性器官了。

知识聚焦

孩子有时候会自觉或不自觉地触碰自己的性器官，尤其是当他紧张或者犹豫时，这种肢体行为就会更加明显和频繁。这其实是孩子成长过程中的一种正常现象，而不是什么不良嗜好，我们需要以平常心来看待。

屈服还是抵抗，头说了算

心理学家指出：由于头部处于人类身体的最顶端，所以最容易被人关注，因而也就能够传递更多的信息。也就是说，头部在传递信息方面有着得天独厚的优势。我们可以从头部的动作，看出一个人内心的世界。

我们在与人交往时，总是先关注对方的头，因为我们的表情器官都集中在头部。比如我们要形容一个人很消沉，会说他垂头丧气，而形容一个人很精神则说他昂首挺胸。仅仅是简单的抬头、低头，就能表现出一个人所处的精神状态。如果再加上五官的组合，更是使一个人的精神状态一目了然。

毫无掩饰的孩子会很轻易地将自己的想法通过头部动作和面部表情展现出来。下面我们就将这些一一道来，让妈妈们更加了解宝宝这些动作所代表的意思。

● 首先，就是前面提到过的抬头和低头。面对爸爸妈妈的批评，孩子若是低着头，我们便可以知道，孩子此时情绪很低落，对于批评是接受的。而如果孩子面对着父母毫无惧色，脖子挺直，头高高地抬着，我们就知道他此时是十分不服气的。

- 其次，我们可以通过孩子的眉毛看出他是选择屈服还是选择反抗。皱眉头是我们经常看到的，比如，当我们集中精神思考问题时，眉头就会不自觉地皱起来。我们也常常看到赛场上的球员一边努力比赛，一边皱着眉头。这既源于人类原始的本能，防止汗水流进眼中，又表现了此时身体的疲惫给他带来的不适。所以，当孩子面对对峙的情况时，如果他皱着眉头，就是在告诉我们他现在很烦躁、很不满，是在抵抗我们。
- 此外，根据心理学家和行为学家的研究，当我们和某个人进行交流时，如果对方将头偏向一边，则表示他对你的话题很感兴趣，听得很入神。如果那个人的头部笔直地挺立着，则说明他对你的

想法没有什么感觉，既不反对，也不赞同，也有可能在细细思考研究你的看法。而将头低下，那就是很明显地表明他对你的想法不感兴趣或是不同意。他低下头是为了减少目光的接触，以便隐藏自己的想法。如果他头部向后仰，则表示他现在很无奈、很迟疑，或者想要释放某种情绪。而如果他头向前倾，则表示他想要你去做什么事情。总之，通过对一个人头部的观察，我们可以得到很多信息。

在孩子成长的过程中，家长难免会和孩子有些矛盾。在矛盾聚集的时候，我们可以通过观察孩子头部的动作来洞察孩子的心理。如果孩子表现出明显的悔改信号，我们的教导就要适可而止，毕竟自我反省是最好的老师。而如果孩子一副挑衅的样子，那我们就要对他进行教育。但是一定要缓和，没必要硬碰硬，而是尽量有技巧地让孩子认识到自己的错误。

知识聚焦

头部在传递信息方面有着得天独厚的优势，我们可以从头部的动作，看出一个人内心的世界。爸爸妈妈与孩子发生矛盾时，可以通过观察孩子头部的动作来洞察孩子的心理，再根据孩子的表现来采取适当的措施。

逃跑还是战斗，脚的大作为

英国的一位心理学家经过一系列研究发现了一个很有趣的现象：越是远离大脑的部位，它的动作就越是能够表达人内心的真实想法。而对于人来说，双脚无疑是距离头部最远的了，所以双脚就是最能够表达我们真实内心的部位。通过观察人们双脚的动作，我们能够知道他们的真实想法。

面对困境时，有人选择勇敢面对，有人选择颓然逃避。而调皮捣蛋的孩子陷入这样的困境时，是逃跑还是战斗呢？这时，我们从孩子的那双脚就可以看出来了。

不知道是不小心还是蓄谋已久，孩子将家里的宝贝古董花瓶打破了。家长怒不可遏，对花瓶心疼不已。于是，孩子站在家长面前接受批评。这时孩子双手紧握，脸上一改往日的嬉皮笑脸，瞬间变得严肃了，并用力地站稳双脚。站稳是战斗的前提，孩子双手握拳，双脚站定，说明此时他丝毫没有要逃跑的意思，而是准备同你进行一场战斗。而如果孩子的双脚不安地在地上乱动，就说明此时孩子的心正在被巨大的不安所笼罩，并随时准备一跑了之。

我们从何得出这样的结论呢？原来，在人类的身体部位中，脚是最不会撒谎的。高兴时，我们会手舞足蹈；沮丧时，我们会用脚乱踢东西发泄。脚就像是一面情绪的镜子。同时，双脚还承担着人类行走和奔跑的任务，这些都决定了在逃跑和战斗的选择中，脚是有大作为的。当孩子想逃跑时，他需要双脚是放松的，能够轻易地离开地面，在地上不受任何约束地自由移动。所以，当孩子双脚不安地在地上换来换去时，我们就应该知道他在图谋逃跑。而如果孩子的双脚在地上牢牢站定，巍然屹立，那说明他肯定是早有准备，能够应对你的质问和责骂。

明白了这些，妈妈们在同孩子对峙时便可以对孩子的想法一目了然，采取相应的措施来教育孩子。当然，孩子毕竟还小，犯错误是难免的。不管孩子是准备逃跑还是准备战斗，我们都应该通过温和的批评和对话来让孩子认识到自己的错误。如果我们太严厉的话，就会伤了和孩子之间的感情，让孩子留下心理阴影，结果反而得不偿失。

我们的双脚是最能诚实反映我们真实想法的部位。知道了这一点，我们在照顾孩子的过程中，便有据可循、有理可依了。这样，我们与孩子相处的日子就会充满快乐，而眼前的捣蛋鬼也许已经因为妈妈的原谅飞奔而去了。注意孩子的双脚，它很有作为哟！

知识聚焦

在人类的身体部位中，脚是最诚实的，因此父母可以在与孩子对峙时观察孩子的双脚。如果孩子站稳双脚，紧握双拳，就说明他决定继续对峙；如果孩子双脚不安地在地上乱动，就说明他想要逃跑了。这样，父母就能采取相应的措施来教育孩子了。

孩子的侵略性

每个人身上都有侵略性。初听这句话也许你会很诧异：可爱的孩子们也会有侵略性吗?

俄国大作家契诃夫曾经说过这样一段话："儿童是圣洁的，即使是窃贼和鳄鱼的孩子，他们也是和天使一样的等级。你不能独自逍遥而无视孩子的存在……不能破坏他们的玩具和心情。千万不要先给他们一个轻轻的拥抱，然后将他们疯狂地踩在脚下。最好不要这样爱他们，爱不是暴虐的。"

一直很温顺的孩子正在做游戏，突然间被妈妈叫停，妈妈让他马上放下手中的东西去吃饭。但是，此时玩得正开心的孩子丝毫没有要停下来的意思，面对妈妈一声又一声的催促，他突然间哭闹起来，将手里的玩具扔出很远。当孩子长大一些，手脚更加灵活时，面对这样的情景，他们甚至会想动手打前来制止自己游戏的爸爸妈妈。孩子的这些举动究竟是为什么呢?

孩子的这些举动是对大人的一种反抗。就像大人一样，孩子也能感觉到自己拥有一定的权利。当他意识到自己的权利受到威胁时，就会激发出反抗情绪。这种潜能就是我们所说的侵略性。何为侵略性？侵略性指的是一种渴求胜利，用战利品来满足自己侵略本能的本性。除此之外，侵略性也是一种防卫性。在我们的领土、家人以及自身的安全受到威胁时，我们就会被激发出防卫性来保护这些对我们非常重要的事物。当我们的某种行为突然被外力打断时，我们的侵略性也会被激发出来。对于孩子来说尤其如此，他的本能会淋漓尽致地发挥出来。

家长普遍都不愿意承认自己孩子身上有侵略性，因为它听起来像

一个贬义词。但实际上，侵略性人人都有，它是我们保护自己的一种方式，是一种让我们拥有愿望，并激励我们去实现愿望的内在动力。

所以，如果我们不顾孩子的感受，硬要制止正在进行活动的孩子，那我们就要接受随之而来的孩子的反抗。而如果我们既中途打搅，又不接受孩子的反抗，只会让孩子更加不满。结果，孩子的情感无法得到宣泄，挫败感扑面而来，以至于影响孩子的健康成长。

但是，这并不意味着可以放纵孩子的侵略欲。如果孩子一直沉溺于侵略性的话，那他的心理健康以及将来的人际交往都会陷入困境。虽然我们不可以也不可能将孩子的侵略欲彻底消除，但是我们可以采取一些措施来控制孩子的侵略欲。

- 首先，我们应该尽量满足孩子的合理要求，这样能够很好地防止孩子的侵略欲被过分激发。并且我们一定要尽早注意到这些，否则当孩子长到十几岁时，他的侵略性就很难改变了。
- 其次，孩子侵略性被激发还源于他幸福感的缺失和内心所受到的伤害，当一个人缺乏安全感和幸福感时，侵略性便成了一件保护自己的铠甲。所以，父母应给予自己的孩子足够多的关注，让孩子感觉自己是幸福和安全的，是受到重视的。
- 再次，当孩子犯错后，在不损害孩子自尊心的前提下，我们一定要及时对孩子的错误做纠正，让孩子认识到自己的错误，并向他所伤害的人道歉。父母要让孩子懂得：虽然可以将愤怒表达出来，但是不能无休止地发泄，而是需要加以控制。

只有这样，才能控制好孩子的侵略欲，让孩子既能保护自己又不侵略他人，健康快乐地成长。

知识聚焦

每个人身上都有侵略性，孩子也不例外，孩子的侵略性有时也表现为一种防卫性。父母应该正视孩子的侵略性，满足孩子的合理要求，及时纠正孩子的错误，并让孩子感到安全和幸福，这样孩子才既能保护自己又不侵略他人。